U0303625

专题文明史译丛
Themes in World History

丛书主编: 苏智良　陈 恒

# 世界历史上的科学

〔美〕詹姆斯·特赖菲尔（James Trefil） 著

张 瑾 译

商务印书馆
SINCE 1897
The Commercial Press

*Science in World History*

**James Trefil**

© 2012 James Trefil

上海市内涵建设文科师范一流学科项目

上海高校一流学科（B类）建设计划上海师范大学世界史规划项目

教育部人文社科重点研究基地都市文化研究中心规划项目

# 译丛序言

　　人类文明史既有宏大叙事,也充满了生动细节;既见证着民族国家的兴盛与衰败,也反映了英雄个人的梦想和血泪。事实上,真正决定文明发展的基本要素,是那些恒常存在的日常生活方式、社会习俗和文化心理等,它波澜不惊却暗流涌动,彼此关联而又催生变化,并裹挟一切外部因素,使之转变成自身发展和变化的动力。因此,那些关乎全球文明发展和彼此共生性因素,无一不成为研究的对象,无一不成为大众阅读的焦点。生态、交往、和平、安全、人口、疾病、食品、能源、犯罪等问题,凡此种种,既是不同信仰、不同制度和不同文化的文明发展需要直面的,又是它们之间彼此交流、进行合作乃至相互促进的基础。在这种文明史的叙述中,阶段性的政治内容相对淡化,长时段文明形态发展的基础——文化和社会生活得以凸显。文明史的目的是介绍、传播人类文明、文化知识与价值观念,更重要的是读者可以通过文明史的阅读明了人类尊严获得的历史,从而塑造自己的生活理念。

　　在全球化的当下,中国在世界上的地位不断提高,与世界各国往来日益密切,这一方面需要我们阅读文明史以更真实、更全面、更深入地了解域外历史文化、价值观念;另一方面,文明史也可以培育人们更加开阔的思维、更加完善的人格。多读文明史,不仅能让人们认识到文明的多样性、复杂性,使人们能以兼容并包的思维看待世界和人生,而且可以从历史发展的多变中汲取有益的智慧,训练理性思考的能力。

　　在文化多元交融的全球化时代,了解、掌握人类文明知识和理念是当代国人应该补上的一课。因此,学术研究不能仅仅局限于象牙塔,虽然这很重要,但更重要的是要让这些知识形态转变为普通民众也能接受的大众文化。况且,普及大众文化,才能不断出现更多的人才参与研究工作,文化也才能不断推陈出新,才能不断出现更丰富的精英文化。这是一个相互依存,循环发展的过程,缺一不可。

主编过"中国历史小丛书"、"外国历史小丛书"的历史学家吴晗先生曾说,"小册子并不比大部头好写",可见从写作角度来看,浅显易懂的著述并不比那些高头讲章好写。大众阅读是要用较少的时间又能快速获得相关知识,因此叙述不但简明,更要生动,要有历史细节,有重大事件和重要人物的故事点,可见这样的书并不好处理。

第一,大众作品的通俗读物虽然结构简单,但要真正做到"大事不能漏,小事不能错",达到"悦"读的境界,并不容易。没有受过专业训练,没有宏观视野,没有承上启下的问题意识是难以做到合理选择题材,善于取舍材料,有的放矢的。

第二,真正受大众欢迎的作品必定是能反映当下社会现实的作品,能在读者心目中引起共鸣。纵观古今中外,凡是历史上畅销的、能流传下来的作品,哪部不是切合时代的需求的?从希罗多德的《历史》、司马迁的《史记》,到汤因比的《历史研究》柯林伍德的《历史的观念》,哪部不是适应时代潮流产生的?再看看目前市面上流行的易中天、钱文忠、于丹的作品,虽然批评的声音不绝于耳,至少让很多民众在一定程度上认知了历史与文化。

第三,历史学家笔下的作品是要从史料中发现故事,而非小说家、历史小说家笔下的故事。这就需要作者有很好的职业训练,不但对史料了如指掌,而且要善于从新的角度去编排、去解释、去阐发。当然历史学家在写作过程中也要发挥想象,但这种想象是以材料为基础,而非小说家的以生活为基础的想象。美国学者海登•怀特认为历史编纂是诗化性质的,历史学与自然科学是根本不同的,因此就其基本特征而言,史学不是科学而是艺术创作,所以叙事对史学来说是必不可少的。问题在于我们在公众"悦"读方面如何叙事。

第四,相对来说,"悦"读作品讲究的是艺术性、启蒙性、可读性,而非学术著作侧重的学术性、知识性、思想性。历史学家讲究的是"句句有出处,字字有来历",因此学术性与可读性之间的矛盾是永远存在的,避免不了的,讲究可读性难免让学术含量下降,侧重学术性难免会失去趣味性。但这种矛盾并不是不可调和的,只要用心,不断探索,是能做到深入浅出的。大家写小书的时代真的逝去了吗?前辈著名学者如王力、朱光潜、竺可桢等,都撰写了很多脍炙人口的小书,这是那个时代的要求与需要。

第五,"悦"读作品选题不能墨守成规,要能反映学术界的研究方向、趋势与趣味。20世纪史学最突出的成就是新史学的发达。在新文化史家看来,"文化"并不是一种被动的因素,文化既不是社会或经济的产物,也不是脱离社会诸因素独立发展的,文化与社会、经济、政治等因素之间的关系是互动的;个人是历史的主体,而非客体,他们至少在日常生活或长时段里影响历史的发展;研究历史的角度发生了变化,新文化史家不追求"大历史"(自上而下看历史)的抱负,而是注重"小历史"(自下而上看历史)的意义,即历史研究从社会角度的文化史学转向文化角度的社会史学。牛津大学出版社与劳特利奇出版社在这方面做得比较好,出版过不少好书。如前者出版的"牛津通识"系列,就是比较典型的大家小书,无论是选题还是作者的遴选都堪称一流;后者的选题意识尤为突出,出版了诸如《世界历史上的食物》《世界历史上的疾病》《世界历史上的移民》《世界历史上的消费》《世界历史上的全球化》等让人叫好的作品,诚如该丛书主编所说:"本丛书专注于在世界历史背景下考察一系列人类历程和制度,其目的就是严肃认真(即便很简单)地讨论一些重要议题,以作为教科书和文献集的补充。相比教科书,这类书籍可使学生更深入地探索到人类历史的某一特殊层面,并在此过程中使他们对历史学家的分析方式及其对一些问题的讨论有更全面的认识。每一议题都是按时间顺序被论述的,这就使关于变化和延续性的讨论成为可能。每个议题也都是在一系列不同的社会和地区范围内被评估的,这也使相关的异同比较成为可能"。可见文明史因其能唤起大众的"悦"读兴趣而在世界各地有着广泛的市场。

不过当下公众"悦"读中存在冷热不均的现象。中国历史热,世界历史冷。从火爆的"百家讲坛",到各类"戏说"历史的电视剧,无论是贺岁大片,还是各种图书排行,雄踞榜首的基本是中国历史题材作品。有关域外历史题材的很少,一方面说明我们对域外理解得不够多,另一方面说明我们潜意识里存在中国中心主义,什么都以中国为中心。

高手在民间,公众"悦"读作品也不例外。当下流行的畅销作品的作者基本属于所谓民间写手、草根写手,这些作者难免从"戏说"的角度出发,传播一些非历史的知识文化,值得我们警惕。学者应积极担当,做大家小书的事,这是必需,更是责任。

投资大师罗杰斯给女儿的十二条箴言,其中第六条就是"学习历史"。可见阅读历史获得的不仅仅是知识文化、经验教训,更重要的是让民众明白:人类历史实际上是一部人类尊严获得史。一书一世界,书中自有每位读者的世界。

本丛书为上海市地方本科院校"十二五"内涵建设文科师范一流学科项目,是上海高校一流学科(B类)建设计划上海师范大学世界史规划项目的成果,教育部人文社科重点研究基地都市文化研究中心规划项目,并得到教育部新世纪优秀人才支持计划资助。

编者

2013 年 1 月

# 目　录

# 第一章

## 何谓科学？

设想一下，你若是一个天外来客，第一次来到地球，会有什么样的发
现？

对于这个问题，你可能会有很多种答案。也许，你会为这个星球表面
居然存在着液态水而感到惊讶，因为这在宇宙中是很稀罕的现象；又或
许，你会对这个星球大气中充斥着被地球人称作"氧气"的腐蚀性剧毒气
体惊奇不已。但是，我猜想除此之外，你一定还会有其他的发现。在地球
上存在的各种生命形态中，你会发现一种与众不同的自称为"人类"（Homo
sapiens）的物种。在这个星球上的数百万物种当中，人类已经占领了每个
可居住的角落，通过不断地探索和努力，变森林和草原为农场和牧场，并建
立起了互相联系的大规模城市网络。他们大兴水利，广修公路，甚至试图
控制这个星球生态系统中的某些自然资源的循环过程。虽然在分子构成
层面上与地球上的其他生命形态渊源颇深，然而在其他方面，人类总是独
具一格。

为什么这么说呢？

我想答案就在于这样一个不争的事实：在地球上的所有生命形态中，
唯有人类具备了两种特殊的能力。一是探索出一整套研究天地万物的理
论体系（也就是我们所说的科学）；二是将理论方法应用到改造环境中
（也就是我们所说的技术），从而更好地为人类服务。正是这两种密不可
分、相辅相成的能力，使得人类文明在数千年的发展过程中变得越发繁荣

昌盛。

事实上，我认为人类社会最深刻的变革，推动人类社会产生翻天覆地变化的原动力，当属科学和技术的发展。为了支撑这一观点，让我给你们举两个实例。

早在四万年前，我们的祖先最初是以采集和狩猎为生的，过着靠天吃饭，有一顿没一顿的极不稳定的生活。这种生活持续了很长一段时间。最终，经过反复的试验，在公元前 8000 年左右，一部分人（很有可能是女性）发现也许再也不用过这样的生活了。通过长期观察的积累，他们掌握了野生植物的生长规律，并且意识到他们再也不用靠天吃饭，完全可以通过播种、精心照料作物，最终获得稳定的收成。至此，农业应运而生，人类社会进入一个崭新的纪元。在食物日渐富足之后，人们开始修建城市，艺术和知识的传播也变成可能。客观地说，军队，也许没有那么受欢迎，作为我们现代社会的另一部分，也是从那时起才有了存在的可能。但是无论如何，那些早期的农民虽然不识字，也没有精良的金属农具，却用他们的智慧和敏锐的观察力让这个世界发生了前所未有的变化。

让我们把目光快速推进到一万年后——18 世纪后半叶的英格兰。一个被视作"有史以来最伟大的帝国"，有着太多的社会和阶级不平等，其北美地区的主要殖民地在宣告独立的边缘。设想你在 1776 年的伦敦，并思考一个简单的问题：这个国家正在发生什么事，将在未来几个世纪对人类生活有巨大影响？

我建议，如果你想回答这个问题，你不应该去著名的大学或政府的所在地找答案。相反，你应该去伯明翰附近的一家小工厂，去瓦特（Watt）和博尔顿（Boulton）的公司，在那里，苏格兰工程师詹姆斯·瓦特正在完善他的现代蒸汽机的设计。

交代一下背景：瓦特之前就存在蒸汽机，但它们笨重且效率低下。例如，一个两层楼高的发动机，比现代的链锯的功率还要低。瓦特所做的就是把这一设备变成一种紧凑的可用机器。

现在来看，这是一个巨大的进步。在所有的人类历史中，主要的能量都来源于无论是动物或人类的肌肉——加上风车和水车作出的较小贡献。

突然，数亿年前就来到地球的太阳能成为可用的资源，因为它的能量转化在煤中，然后在瓦特的蒸汽机中燃烧。这一发动机为工厂提供动力，从而推动了工业革命，铁路把各大陆联系在一起，城市的人口越来越多。肮脏的工厂中正在组装的机器是从根本上改变人类生活条件的中介。不管你认为这是一个很好的事情（像我一样）又或者是一个可悲的事情（这种观点在某些圈子里变得流行），你都不能否认它的发生。

## 科学与技术

在这本书中，我们将着眼于一些已经产生（或正在产生）同样深刻影响的其他发现和发展。发电机的发展改变了 20 世纪，永久地打破了产生能量的地方与利用能量的地方之间的陈旧关系。细菌疾病理论改变了医学的方式，在发达国家出现了前所未闻的人类寿命长度。正当你阅读这些文字的时候，量子力学的发展引领的数字化计算机和信息革命正在改变着你的生活。

虽然科学和技术无可争议地已经改变了我们的生活，但我们需要了解它们两者之间的差异。在日常用语中，它们几乎可以互换使用，但有必要对它们之间的重要区别作出说明。在前面的讨论中已经表明，科学是对我们生活世界的知识的追求，技术是为了满足人类需求的知识的应用。这两个活动之间的界限顶多算模糊的，有着大面积的重叠——实际上，我们在本书第十一章中花了相当大的篇幅详细探讨抽象的知识变成有用设备的过程。然而，就目前而言，我们应该记住的概念就是这两个术语指的是不同种类的过程。

那时，科学和技术在解释我们仍在讨论的外星人的假设方面经历了很长的过程。而这一点，当然又将我们引向一些有趣的问题：究竟什么是科学，它又是如何出现的？以前的文明与现代的科学工作有何相似之处，又以什么样的方式与我们的文明彼此相异？是否有一些活动与每项科学尝试都相通呢？在我们开始详细讨论 21 世纪科学实施的细节之前，让我们来看看这些历史问题。

## 历史问题

在本章的后面部分,我们将详细描述完全成熟的现代科学方法的细节,但是目前,我们可以将它想象为一个永无止境的循环的图景,在其中我们观察世界,从这些观察中提取规律,创建一个理论来解释这些规律,用理论来进行预测,然后观察世界来看看这些预测是否都被证实了。我们可以用简单的图解形式把标准的现代科学方法描述为一个顺时针循环圈(见下图)。

那么,提出历史问题的方法之一就是问过去的各种文明符合这个循环的哪个部分。前两个步骤——观察世界和认识规律——非常普遍,而且很可能其出现早于进化史上智人的出现。如果狩猎和采集群体的成员不知道什么时候鱼会在某条河流里游动,或坚果什么时候会在某个森林里成熟,那么这一狩猎和采集将不能持续很长时间。事实上,我们将要在下一个章节中讨论,许多未有文字的文明在定期观察天象的基础上发展了相当复杂的天文学。像英国的史前巨石阵(Stonehenge)和北美西部的医药轮(Medicine Wheels),就能证明这种发展。我们从这些类型的建筑物中能得出的一个重要结论:即使还没有出现文字,也可以通过口头传统一代又一代地传递关于自然世界的复杂信息。

在没有书面记录的情况下,很难知道这些早期的人类用什么理论来解释他们所看到的东西——如果存在某些理论的话。当我们考察美索不达米亚和埃及的文明时,这种形势有所变化。在这里,我们遇到了一个奇怪的二分法。巴比伦人保留了古代世界最好的天文记录——事实上,他们

4

记录的数据在几个世纪后仍被希腊天文学家使用。然而，据我们所知，他们似乎对于产生理论来解释他们的研究结果完全不感兴趣。看起来，如果他们能够看到数据并找出下次月食的发生时间，他们就已经心满意足了。就上页图中所示的循环而言，他们似乎在规律这里就止步不前了，对更多的探讨不感兴趣。

埃及人更为典型。他们描述了在天空中看到的故事，用神的冒险活动来解释天体的运动。这种类型的解释是否构成"理论"是一个棘手的问题，因为它取决于你如何定义"理论"这个词。但是，重点是，一旦你用神的率性而为来解释任何的自然现象，那你就失去了作出真实预测的动力，因为在原则上这些率性而为会随时改变的。在这种情况下，你是受到限制的，就像巴比伦人一样，只能依靠过去的规律来预测未来。据我们所知，这是我们将要研究的最先进的古代社会的普遍情况。

打破这一模式的是古希腊的自然哲学家，他们首先开始在对世界进行纯粹自然解释的基础上构建了理论。事实上，在公元1世纪时，亚历山大的自然哲学家就组建了一个能初步预测太阳系活动的奇妙的复杂模型，能预测如日食、行星的出没和新月出现的时间等。

在所谓的欧洲中世纪，科学发展的重心转移到伊斯兰世界（见第五章），在很多方面取得了进展——我们将专门探讨它的数学、医学和天文学。如果你不得不为现代科学的发展过程选择一个日期，那么你可能会谈到17世纪英国艾萨克·牛顿的工作（见第六章）。就是在这个时期，上述科学方法的全盛概貌开始展现——这时我们得以看到"循环圈中的所有步骤"。

现代科学家们倾向于将"科学"一词保留到牛顿对科学作出贡献的时候（或者有时保留到几十年前伽利略的时代）。在本质上，他们往往把之前发生的称为一种"前科学"（pre-science）。由于这在我的同事们中是常见的用法，所以我也将使用它，但在接下来，我想请你记住，研究历史的人容易犯的最大的错误之一就是用现在的标准去衡量过去。依我看来，建造了巨石阵的目不识丁的男人和女人们与任何大学中的理科"科学家"，就如我和我的同事们，没有什么不一样。适当的问题不是"这个古老的文明与我们今天做的有多接近？"而是"他们做了什么以及这一巨石阵在他们的文化生活中起了什么作用？"

然而，说到这，现代科学方法可以作为一个有用的模板，将帮助我们组织整理我们将研究的各种古代文明的成就。因此，它是很有用的，这个方法在目前的形式，我们将在本章其他地方谈到。

## 现代科学方法

在我们开始探讨这个问题之前，我想郑重说明——我也将在本章的结尾处强调这一点。科学是人类的一种努力，是与我们没什么不同的人在从事的。人类的行为有一个众所周知的特点，那就是反感盲目遵循规则。就像艺术家和音乐家一样，科学家往往乐于偏离传统和另辟蹊径。因此，接下来应该就像是在最科学系统的工作中找到一个元素列表，通常可以预计它们会以差不多的顺序出现。它不应该被认为是所有的科学家在所有时间都遵循的一种"食谱"。

## 观 察

所有的科学研究都始于对世界的观察。你可以通过观察来了解世界，指出这一点很重要，因为很明显，对于生活在被技术驱动的世俗社会中的我们来说，这还没有成为整个人类历史的普遍假设。事实上，有许多办法来解决了解宇宙的问题。例如，在第四章中，我们将讨论许多希腊哲学家所采取的途径，这一途径就是用人类理性的能力取代观察作为主要的探索工具。

我们可以在美国公立学校的科学课程中是否加入神创论（或者是它最新的化身——"智能设计"）这一无休止的争论中看到另一种接近世界的方式。争论的一方是科学界，依靠化石记录和收集测量现代 DNA 数据，换句话说，通过对世界的观察。争论的另一方把《创世记》（*Book of Genesis*）的造物故事字面解释为神圣不可侵犯、不容置疑、永恒的上帝的话。对于这些人来说，宇宙的真相存在于这一崇高文本之中，与观察没有什么关系。至少对一些创世论者来说,用任何实验或观察来说服他们改变主意是不可能实现的。换句话说,对这种思维方式的人们,了解这个世界不是通过观察,而是通过求教于神圣的文本。

所以牢记,不是所有的人类社会都会同意上述观点,我们将以如下的科学方法开始进行讨论:

> 如果你想了解世界,就走出去观察它。

我们将以这作为现代科学发展的第一步,就像我们认为的,这是许多过去的社会都经历过的一个步骤。然而,说到这,我们必须指出,有许多不同种类的"观察",每一种都适用于不同的科学领域。

当大多数人思考科学家们所做的事情时,他们会想到实验。实验是观察自然的一个具体方式,通常在高度控制的(多少有些人工的)的情况下进行。其基本策略是在一个物理系统中改变一个事物,来观察系统的变化结果如何。

这种观察方法的一个典型的例子可以在明尼阿波利斯(Minneapolis)附近的雪松溪自然历史地区(Cedar Creek Natural History Aera)看到。在那里,来自明尼苏达大学(University of Minnesota)的科学家一直在研究植物生态系统如何应对环境的变化。他们在数平方码的多个场地上进行实验。每一个实验场地都有等量的雨水和阳光,当然,科学家可以改变场地上其他材料的含量。例如,他们可以在某些实验基地添加不同量的氮,而在另一些地方不放,然后就这样观察不同场地在夏天的演变过程。这是一个典型的控制型实验的例子(郑重说明,我刚才所描述的实验表明氮的添加增加了这一场地的生物量,但降低了其生物多样性)。

在许多科学领域,这种精细的控制实验是可以做的,但在其他领域却不能。例如,一个天文学家不能创建一系列的星系并在此系统中添加特定的化学元素来观察会有什么样的效果;一个地质学家也不能回到过去观察早期地球岩石层的形成。这些领域的科学家不得不更依赖于纯粹的观察,而不是实验。当然,这不会影响科学的有效性,但重要的是要记住,知识的获取方式略有不同。

最后，我们将在第十二章中指出，数字计算机的出现引进了另一个在术语意义上的"观察"。在过去的几十年里，随着电脑的日益强大和我们对物理系统的知识细节了解的增加，科学家已开始汇编大量的计算机程序来描述从未来的气候到生态系统的演变再到行星的构成的复杂系统的一切行为。科学家通过改变计算机程序的参数来"观察"像行星系统的形成这样的事正变得越来越常见，很大程度上就像是明尼苏达的科学家对其实验场地施不同量的氮一样。这种"观察"通常被称为"建模"或"模拟"。

说到了这些区别，重要的是记住，无论科学家是以实验、观察还是模拟的方式开始他们的工作，他们一开始提到的总是在外部世界所看到的。

## 规　律

在你对世界观察一段时间之后，你会得到一个重要的认识：事情不会随意地发生。事实上，我们所居住的世界有着令人惊讶的规律性和可预测性。例如，太阳总是东升西落，季节在可预见的方式下白天变得越来越短。事实上，世界是很有可预见性的，即使是没有文字记载的古代文明都能建造像巨石阵这样的大规模的纪念物来标记时光的流逝——这一话题我们将会在下一章中谈到。注意和说明这些规律是科学方法的第二个重要步骤。我们注意到，大多数文明都达到了科学方法的这一步。事实上，我们现在描述为"工艺"（craft）的大多数活动实际上代表了人们观察自然世界世代积累的经验。

在寻找规律时，我们这些教授科学的老师经常会遇到一个问题，这些规律往往是用一种奇怪的语言阐述的——数学语言——而不是文字。数学是一种由于具有较高的精确度从而享有巨大优势的人造语言。不幸的是，它也是一种让不少学生产生高度焦虑感的语言。我是这样总结数学的：科学家写过的任何数学方程式中的内涵都能用（尽管不是很优雅的）日常语言来进行说明。对数学语言中包含的深刻的世界规律的翻译并不比把一首诗从一种语言翻译成另一种更为神秘。此外，所有伟大的科学真理都可以不用数学语言描述，正如我们将看到的，尤其是因为它们蕴含的概念大多体现在我们已经熟悉的日常生活中。因此，在下文中，除了极少数例外，我们将使用日常语言而非数学语言。

## 理　论

在我们对自然观察了足够长的时间，认识到它是有规律的可预测的之后，我们就可以开始思考科学过程中最有趣的问题是什么。宇宙是如何被安排来产生我们实际看到的规律的呢？换句话说，我们的经验如何告诉我们自己生活的世界的本质？在这一点上，人类的思想离开了直接经验的境界，开始寻找我们所看到的更深层次的含义。我将这个过程称为理论建构。

对一个词提出警示：科学哲学家对"理论"这个词的确切定义已经有了（且会继续有）大量的争论，不同的阵营对如何使用这个词有着不同的约束条件。此外，在很多人心目中口语中的"理论"存在令人遗憾的混淆，认为这个词有时等同于"未经证实的猜测"。你可以偶尔看到这种情况，例如，在公立学校的课程中是否写进神创论的辩论中就有。在这些辩论中，"进化"一词经常被嘲笑为"只是一种理论"——这一声明中强调了科学家和一般公众使用这个词方式之间的差异。

由于存在这些问题，那么让我在这一点上作个简要的说明来说清楚我（和大多数科学家）在谈到理论这一概念时的意思。我要以多少有点不寻常的观察来开始这个讨论：与科学家们在了解宇宙如何工作的情况一样，他们发现在对他们所发现的事物命名时真的很棘手。例如，在下一节中，我们将看到的奠基——绝对是科学的根基——是与观察相背的理念上的无情考察。那么，如果第一次提出的想法被称为"假设"，在它被证实了一千次后成为了"理论"，最后，通过无数次验证后成为一个"规律"，这将是非常好的。不幸的是，这不管用。无论一个思想在首次提出的时候被怎样命名，不管通过随后的观察如何地被验证，它的名字还是会一直流传。

让我给你们举一个例子：在第六章中，我们将谈论艾萨克·牛顿的工作,特别是他自己提出的被称为"万有引力"(Universal Gravitation)的"规律"。几个世纪以来,这是我们对引力现象的最好解释,当我们想要发送一个宇宙探测器到遥远的星球时,它依然适用。20世纪早期,阿尔伯特·爱因斯坦提出了对重力的更深入的解释,一个被称为"广义相对论"(General Relativity)的"理论"。这一"理论"包含了牛顿的万有引力"定律"并将之作为一个特殊的情况。因此,在这个例子中,我们所说的"定律"实际上不如我们称之为"理论"那么具有普遍性和被验证性。这是一个我在上面提到的科学命名过程中的某种不足之处的戏剧性例子,但远不是唯一。

因为物理学是第一个科学以现代形式发展的领域,所以出现了一种倾向,那就是后来的学者都会去尝试物理学家首先创造的科学模型。甚至有一个半开玩笑的术语——"物理嫉妒"(physics envy)——学者用来形容这种现象。但正如不同的类型的"观察"适合不同的科学分支,所以也有不同类型的理论。

物理是趋向于精确的科学,是由精密的实验和高度量化的理论所驱动的。其实,在最好的情况下,理论计算和实验室实验的结果可以达到小数点后10位数之精确!正如我们将在第七章中看到的,物理理论往往会以严格的数学术语来阐述(不过,正如上文所强调的,它们也可以用文字表示)。这给了它们一个精度的光环,虽有时会骗人,但这是一种科学理论的理想特点。

这一范围内的另一些理论量变少,这些理论描述的是一般趋势和进程。这种类型的理论的一个例子是达尔文的自然选择的原创陈述,我们将在第八章中讨论。这一理论不是作出准确的预测("42.73%的这种类型的动物将会生存足够长的时间来繁衍后代"),而是阐述物种数量如何随着时间的推移发展的一般规律("在这种情况下,动物A比动物B更可能有后代")。历史学中很多理论,如地球板块构造理论(我们对于地球结构的现代观点)就属于这种类型。说到这,我要指出,自达尔文以来,许多高度量化的发展已经被添加到进化理论中。这是不寻常的,例如,听到一个现代古生物学家使用DNA分析或复杂的数学计算来支撑一篇有关一个特定生物体发展的论文。

这种不同类型的科学理论之间的区别实际上引起了一个今天学者之间更有趣的辩论。争论的焦点问题是宇宙是必然的还是偶然的。正如我们将在第六章中看到的，艾萨克·牛顿的研究引起了对宇宙，特别是在力学方面的观察，其中一个被观察到的现象被认为类似于时钟的指针。在这幅图景中，时钟的齿轮是大自然的规律，如果我们对齿轮有足够的了解，那么我们就可以准确预测在未来的任何时间里指针的精确位置。在其中，宇宙是完全确定的。另一方面，古生物学家史蒂芬·杰伊·古尔德（Steven Jay Gould）等人认为宇宙（至少在生物方面）是偶然的，"再听一遍磁带"，他认为，"然后你会得到一个完全不同的曲调"。

这是那些深层次问题中的一个，问出来很容易，回答起来很难。郑重说明，我自己的结论与古尔德的看法相比是宇宙少了很多偶然性，比牛顿认为的也少了一些确定性。

## 预测和验证

一旦我们有了一个关于宇宙如何工作的想法，我们就已经准备好要进行科学过程的最后一个步骤——这一步，我认为，将科学与人的所有其他智力活动中区分开来。其基本思想是我们着眼于我们的理论，然后问一个简单的问题：这一理论有没有预言什么我们还没有看到的事物呢？如果这一理论有一定价值，那么许多至今仍未观察到的现象将导致新的实验和观测。事实上，正是这种测试理论与自然世界的实际观测之间的残酷关系成为了科学事业的显著标志。说穿了就是：

> 科学上有正确的答案，而我们知道如何得到它们。

对于这一声明有几点可以说明。科学的流程始于观察，最后也终于观察。科学的开始和结束都是通过比较我们的观点与自然世界的现实，通过观察自然现象。正是这种存在于理念之外的不偏不倚使得科学不同于其他领域。每一位科学家（包括作者本人）都有这样的经验，那就是以合理的假设开始一个论证，之后是无懈可击的逻辑推理，然后得到一个不容置疑的结论,但只有到了实验阶段才知晓整个事情是错误的。最后,不管你的参数设计得多好,或者你在科学界有多么高的地位——如果数据不能支持你的观点,那么你就是错误的。就此打住。

我们认识到这个验证过程是多么的重要,但是也必须认识到,它可以有两种可能的结果。有可能通过观察证实了我们的预测。奇怪的是,这不是大多数科学家们所希望的,因为当他们开始一个实验,这样的结果确实不会使我们的知识储备有所增加。此外,在科学界,通常驳斥一个理论比肯定一个理论更富威望。不过,一个积极的结果意味着我们的理论得到了证实。在这种情况下,科学家们通常会寻找另一种他们可以测试的预测。

另一种验证过程的结果就是预测可能不被证实。在这种情况下,会发生什么情况取决于被测试的理论的状态。如果它是一个新的理论,而且是第一次被测试,科学家们可以简单地得出这样的结论,那就是他们已经走进了一个死胡同,需放弃该理论,再试图建立一个新的。另一方面,如果这一理论在过去已经取得了一些成功,科学家们将寻找方法来修改和扩展它以适应新的发现。换句话说,他们不会问,"我们能够建立什么别的理论么",而是会问:"我们怎样才能修改这一理论使之更加完整呢?"我们在研究科学发展史的时候会看到很多体现这两个过程的例子。

为了让我们在头脑中的预测和验证过程更为具象化,可以看一个例子,那就是把我们的注意力集中到牛顿发展宇宙的机械论观点之后的一系列事件。刹那间,他把几千年的天文观测浓缩成包含一些深刻物理定律的简单结果。在他极为规律的有序宇宙中只有一个缺陷——偶尔出现的彗星。

设想一下,彗星为何一定会出现在像牛顿一样的人面前。行星在天空中有秩序地运动——可以与我们上述时钟指针的运动相媲美——这一运动因奇异光芒在天空中的出现而突然中断。彗星出现了一段时间,然后消失。这是怎么回事?

埃德蒙·哈雷(Edmond Halley)是一位杰出的科学家,在经历充满冒险的青年时期之后成为皇家天文学家安顿下来。作为牛顿的一位朋友,他决定解决彗星问题。一个故事说道,他与牛顿共进晚餐,然后问了他的朋友一个简单的问题：如果彗星像其他事物一样是受到重力影响的实体，它们的轨道是什么形状？牛顿曾想过这个问题，并告诉他的朋友，彗星将沿椭圆形轨道来运动。有了这方面的知识，哈雷调查了历史上 26 个彗星的研究数据以确定它们的轨道，他发现这些彗星中有 3 个是按照完全相同的椭圆形路径运动的。

灵光乍现。这不是在同一轨道上的 3 个独立的彗星——它是同一颗彗星来回了 3 次。使用牛顿定律，哈雷计算了彗星将再次出现的时间并作出了预测——它会在 1758 年返回。果然，在 1758 年圣诞节前夕，一位德国天文爱好者用他的望远镜望向天空并看到了彗星。这一事件，历史学家称之为哈雷彗星的"复苏"，可以把它当作现代科学方法发展中的象征性事件。

我想在离开哈雷之前再说几点。首先，我们可以想象一个场景，那就是彗星没有出现——事情没有变成这样，但也是可能的。这意味着哈雷的预测可能是错误的。在哲学家的话语中，牛顿的理论是"可证伪性的"（falsifiable，在美国的法律体系中，这种科学思想的同一个属性被称为"可测试性"）。重要的是认识到一个可证伪的声明可以是真或是假。例如，"地球是平的"这一声明是一个被完美证伪的科学主张。"地球是圆的"也曾被认为是伪命题，恰巧是真的。所有真正的科学理论必须是可证伪的（这并不是说它们一定是假）。如果你有一种理论不可能被证明是错误的，就像是神创论的某些版本一样，那它就根本不是科学。

但是，在离开哈雷之前，我还要引用他在预言他的彗星回归时所作的一份声明：

> 如果彗星 1758 年再次回来，公正的后人不能否认是一个英国人首次发现它的。

## 科学的成长

在大多数的时间里，大多数科学家或多或少都按上述给定的顺序从事自己的工作，那就是以观察世界作为工作的开始和结束。然而，正如我以上暗示过的,这些步骤不是一本食谱,并且有时候科学家们会兴高采烈地"打破规则"。也许最有名的例子是爱因斯坦提出的相对论,它不是以观察为开始,而是深入分析了两个不同的物理学领域之间的一个基本的矛盾。但是,理论一旦被阐明,就必须经历与其他一切事物一样的预测和验证的过程。(我们将在第九章中更详细地谈论相对论)。

正如不同类型的"观察"适合不同的科学领域,那么科学领域的进步就有不同的方式。科学可以改变的方法之一是从一个理论到另一个理论的简单更替。当尼古拉·哥白尼(Nicolas Copernicus)首先提出地球绕太阳公转而不是固定位于宇宙的中心的想法后,他的想法最终还是取代了当时流行的地心说。一般来说,这种更替过程容易出现在一门科学发展的早期,因为那时还有很多未知数和很多可供理论家操纵的空间。最近一次发生的这种大规模更替是20世纪60年代在地球科学领域,当时主张大陆漂移的现代板块构造理论取代了地球固定不变的旧理论。

但是,一旦某一科学领域的成熟度达到一定的水平,不同类型的变化就开始占主导地位。科学家们不是用新的理论代替旧的,而是扩展现有的理论,在添加新的材料的同时不舍弃旧的。正如我们将在第九章中看到的,20世纪物理学的巨大进步(相对论和量子力学)不会取代牛顿的物理学,而是扩展到新的领域——一些最初不知道可以应用的领域。我们会看到,如果我们把从原子的世界得到的量子力学的规则应用于大型物件,这些规则就与牛顿定律相同了。因此,科学上的这种变化类型可以被认为类似于一棵树的生长。总是在枝干上添加新的材料,但心材保持不变。

考察科学上的这种增长的另一种方法就是回到我们的基本前提,那就是科学开始和结束于观察。每一个伟大的科学法则都是建立在观察的基础之上的,它的好坏都只能依据支撑它的观察结果。牛顿的宇宙图景建立在大量对以正常速度运动正常大小物体的观察基础之上,但直到20世纪,我们才有了原子大小的观察对象。当这些观测结果出现后,它们引向了科学的新领域——量子力学——这与旧的星系观测并没有矛盾。因此,牛顿定律依然作为心材,我们仍然可以使用它建起桥梁和制造飞机,尽管我们明白它们不能被应用于其原来的有效性以外的领域。

这把我们带入了科学过程中的另一个重要方面。我所描述的实用方法可以看作找到更精确的接近真理的方式，但它们将永远不会让我们得到真相。每条科学法则无论是多么可敬，都可以在原则上被一个新的观察证明是错误的。这样的变故肯定是不太可能的，但对证伪需求的要求是可以有的。科学的本质是所有的真理都是暂时的，它受制于未来的观测结果。

最后，我想以一个近年来一直是学术争论的主题讨论来结束这个对于科学过程的介绍。这一辩论的主题与科学理论发展中社会规范的作用有关。一方面，应用科学家们认为通过他们的工作正在越来越好地接近现实。另一方面，科学的哲学家和社会学家们认为科学的理论是他们所谓的"社会建设"的结果。在其最极端的形式，这个说法在本质上变成了一种"唯我论"，那就是认为自然界中观察到的规律性与红灯表示"停"绿灯表示"行"的惯例相比，没有更多本质上的区别。

应用科学家们的重点在于观察和验证，他们听到这种说法后产生了强烈的反对意见，这一点不足为奇。这导致了所谓的"科学大战"（Science Wars），这是上文所述的观点中一个基本的争论（然而，我应该说，大多数科学家从来没有听说过这个争论，这使许多评论家怀疑当一方不知道这是怎么回事的时候是否真引发了一场"战争"）。

"科学大战"中的基本问题是社会结构对科学家们推导出的结果的影响程度。社会影响科学（科学也影响社会）绝不能被忽视。真正的问题是社会影响能多大程度上决定上述的科学过程的结果。

毋庸置疑，在短期内，社会影响对科学发展有很大的影响。例如，政府可以通过提供资金来鼓励某些研究领域并阻止其他领域，甚至使它们变得非法（例如，许多国家在克隆人问题上已经这样做了）。在极少数情况下，政府甚至可以尝试压制科学的结果。如果你想看到这方面一个特别突出的例子，可以谷歌搜索"特罗菲姆·李森科"（Trofim Lysenko），可以知道约瑟夫·斯大林如何把现代生物技术发展推迟了几代人的时间。此外，科学的潮流和趋势能够影响研究和解读的方式。

然而，从长远来看，这些类型的效果是短暂的。正如我们上文所强调的，最终，科学中重要的是通过观察来验证。例如，再多的政府干预或社会压力都不可能删除1758年哈雷彗星从天上滑过的那一天。即使科学错误（确实发生过）和科学欺诈行为（这也发生过，尽管不那么频繁）有可能湮没在科学进程中。

　　只有一个地方社会影响可能会对科学过程有重要的作用，那就是理论建设。科学家毕竟是社会的成员。在任何给定的时间内，在任何社会，一些想法是根本不能成立的，不是因为它们是被禁止的，而是因为当时它们不在智力考虑范围之中。例如，艾萨克·牛顿没有继续产生对相对论的设想就好比他不可能写说唱音乐一样。从这个意义上，也仅在这个意义上，我们可以说科学是被"社会建构"的。

　　总之，上面概述的过程代表了科学进程的成熟形式。在下文中，我们将看到在世界各地的文化中科学过程的基本原理是如何发展的，并在17世纪的西欧达到其现代的形式。从那里，我们将探究它如何向外蔓延，首先到达欧洲的边缘，如俄罗斯和美国等地，然后蔓延至整个地球。

# 第二章

## 天文学：科学的肇始

可能看起来有点怪，科学的发展始于天文学。毕竟，恒星和行星相距甚远，对一般人的日常生活影响不大。为什么一群采集狩猎者或原始的农民会关心夜空中天体的排列呢？

这样的态度在 21 世纪是广泛和可以理解的，但忽略了一个重要的历史事实。直到 19 世纪末，普遍的路灯照明技术才被发明，且 50 年之后大多数地方才广泛地电气化。这意味着，在绝大多数人类历史上，天黑的时候，在路灯不存在的情况下，人们只能依靠天空中的光亮。

想象你最后一次晚上在乡下远离城市灯光的时候。你还记不记得星星看起来是多么接近，多么直接！在绝大多数的人类历史上，这就是人们日复一日的生活。当然，他们知道在天空中发生了什么事——每一个夜晚都呈现在他们面前。如果你从来没过自己看着漆黑夜空的经历，我希望你很快会有。这是不容错过的。

居住在城市，周围环绕着人工照明，天空在我们的意识中被疏远。在一个晴朗的夜晚，你可能会看到月亮，也许还有一些星星，但仅此而已。天空中没有什么能与普通路灯相比，更别提如时报广场（Times Square）的那些灯光闪耀的地点。对我们来说，天空是自然附赠的最好礼物。

当我想解释整个历史上所看到的天空与现在看到的天空的方式之间的差异时，我经常提到一个典型的城市经验：交通高峰时间（Rush Hour）。我猜想这些话会让大多数读者的脑海中浮现出一幅汽车长龙缓慢沿着高速公路前行的即时图景。问题的关键是,没有人让你坐下来并给你解释交通高峰时间是什么,你从来没有上过一门课程叫做"交通高峰时间 101"。如果你住在城市中,交通高峰时间只是你生活的一部分,你知道,当你不用在一天中的特定时间在某些区域开车的话,会使其有所缓解。如果你住在一个城市的环境中,交通高峰时间会简单地渗透到你的意识中。我认为,天空中的物体运动以同样的方式渗透到了我们的祖先的意识中。

此外,这里还有一个非常实用的知识,我们可以从中间接地获得物体在天空中运动的观察信息:它们可以为我们提供一个季节更替的历法。同样,在现代人看来,没有历法的生活这一观念似乎是很奇怪的。自 1582 年以后,我们有了格里高利历,这一历法在保持季节更替与历法日期对应方面作了很好的工作,如果需要的话,华盛顿的海军研究实验室的科学家们可以插入一或两个闰秒来不时地保持其协调。

要理解为什么我们当前历法的建设来得很迟,你必须认识到,自然提供了两个"时钟"来帮助我们与时间保持联系。其中之一是地球的自转,它提供了一个可靠的每 24 小时的重复事件(如日出)。另一个时钟涉及地球在它的轨道围绕太阳的公转,我们称这一个时期为一年。依照现代对事物的看法,地球在其轨道的位置确定了季节。另一方面,计数日出或一些类似的事件是最简单的跟踪时间推移的方法。历法的作用是靠简单的天数计算来衡量地球在其轨道上的位置,这样来调和这两种时钟。为了保持完整性,我应该指出还有第三种"时钟"——月亮圆缺的循环。这一"时钟"还引发了阴历,我们在此不对之进行讨论。

历法对农业社会的重要性是显而易见的。重要的是知道何时应种植农作物,每天的天气并不总是一个很好的风向标。当我想说明这一点的时候,我会谈到我大女儿出生时的事。这是在弗吉尼亚州的 2 月,一个异常温暖的一天——我记得我身着短衣裤四处奔走,购买在这一天发行的所有报纸作为纪念品。然而,在我女儿的第三个生日,我一整天都在忙着把来访朋友从巨大的雪堆中揪出来。这两次地球都在其轨道的相同地点,但天气是截然不同的。如果我被第一个 2 月的温暖愚弄,并在我的花园进行种植,那么在当月的晚些时候植物将会被冻死。这对我来说将不会是一场灾难，因为我随时可以去超市，但是如果我一直在指导一个早期农业定居点，这可能意味着整个社区的挨饿。

历法的作用是使用在天空中反复出现的事件以确定（再次，在现代语言中）地球围绕太阳公转时在其所在轨道的位置，由此来与季节相联系。最明显的标志事件与太阳在一年中不同的时间在天空中的位置有关。确信城市人都知道夏季的白天比冬季长，他们也可能知道太阳在寒冷的月份在天空中位置是较低的。我们现代的理解是，这种现象是由地球的旋转轴倾斜导致的，但古代的观察者很难知道这样的解释。

17

如果你愿意，试想一下，年对他们来说意味着什么。随着寒冬的来临，太阳升起得一天比一天晚。此外，每一天的太阳都比前一天出现得更往南一些。然后，在一个寒冷的清晨，奇迹发生了！太阳向反方向，一天比一天靠北，然后白天开始变长。难怪在这种情况下，整个北半球在冬至时都生火庆祝。（你有没有想过我们为什么在圣诞树上挂灯？）

不难想象这一口头传统的开始，甚至是没有文字记载的人们都开始跟踪这一事件。你可以很容易地想象一位灰色大胡子长老告诉他的孙子们，如果站在一定的位置，他们在那神奇的一天会看到太阳升起在一个特定的山头上。这类事件多次在世界各地的许多地方重复发生，这是一个我们在上一章中讨论的发现规律的例子。

把地球定位于围绕太阳的轨道之上也不失为是一种方式。我们一定要记住，虽然我们今天考虑天空的方式是将之作为服从一些冷酷的客观物理规律的对象，但这并不是我们的祖先理解天空的方式。举一个简单的如日出和日落般的事件序列。对我们来说，我们这个星球的自转是一个简单的结果。如果我们要描绘它，我们可以想象旋转的地球与在它之上从一个方向射过来的闪耀的光芒。当旋转时，地球上的一些地方先进入光芒中，然后又回到一片黑暗之中。这是很简单的。但是，对于最初的天文学家们来说，太阳肯定不是以这种方式运动的。

事实上，在许多古代文明中，太阳（或可能是太阳神）被认为在日落时死去，也许是在地下度过一段时间，然后在日出时重生。例如，在埃及神话中，天空女神努特（Nut）每天早晨诞下太阳。太阳落山并消失在西面已经成就了另一个事实,那就是所有埃及的大墓葬,从金字塔到帝王谷(Valley of the Kings),都位于尼罗河的西岸。事实上,在古埃及,短语"到西部去"(went to the west)与我们自己的文化中的"去世"(passed away)有大致相同的含义。我自己最喜欢关于太阳的故事是阿兹特克(Aztec)神话中的一段。其中,太阳神每天诞生,然后升到穹顶,在日落时被在分娩时死亡妇女的鬼魂拖拽而死。真可怕!

我提到这些现代和古代的观点之间的差异,因为它们说明了一些通过现代的镜头来看古代科学的危险性。作为一个物理学家,在看古代天文学的时候,我很容易只把它看成我们前人的客观宇宙观。但其实,这不是古代天文学家所认为的他们在做的。像我一样,他们想通过观测天空推断出有关宇宙的重要事情。事实上,他们看到的是神的活动,而我看到的是牛顿的万有引力定律在起作用,这并不重要——重要的是我们都在观察宇宙和试图理解这意味着什么。

直到最近,我们才开始对古代天文学家复杂的水平作出真正的高度评价。然而,自20世纪60年代以来,一个蓬勃发展的被称为"考古天文学"(archeoastronomy)的研究领域开始出现。考古天文学的目的是了解古代文明的天文知识和这些知识在古代文化中的作用。这一领域的从业人员往往分为两个阵营——集中于科学研究的天文学家以及集中于文化研究的人类学家。最初,这一二分法有一些有趣的后果。例如,1981年在牛津大学举行了专门讨论这一新学科的第一次正式学术会议,在会议中这两个阵营认为彼此间大相径庭,会议进程实际上发表在两部不同的卷册上。这两个不同的接近考古天文学的学派因出版的书籍颜色不同而被命名,"绿色考古天文学"主要偏向于天文学,"棕色考古天文学"则偏向于文化及人类学。不用说,此后双方阵营都取得了良好进展,每个阵营都向另一方的学科取经。

## 天文学的诞生

我们永远不会知道谁是第一个开始认真观察夜空的人,因为他或她无疑都是属于没有文字记载的文化之中的。然而，考古天文学的出现已经向我们表明，我们能够通过检查早期天文学家留下的建筑收集一些有关天文学的最初研究信息。至于这些早期人的动机，石头是不会开口说话的。鉴于上述情况，最常见的解释是早期的天文学至少有一个功能，那就是创建一个历法。但是，这不可能是唯一的功能，因为正如我们下面将看到的，从事和不从事农业实践的人都需要发展天文学。

虽然我们无法给天文学一个确切的诞生日期，但是我们可以选择一个众所周知的建筑物来象征这一事件。我想提名英国南部的巨石阵来扮演这个角色。英国南部的这个伟大的立石大圆圈是最著名的古代建筑物之一——事实上，正因为如此，它的形象被视窗（Windows）操作系统作为标准的电脑桌面墙纸之一。巨石阵的建造大约开始于公元前 3100 年，我们选择讨论这一建筑物对阐明考古天文学的诞生更具有意义。这个领域的开端可以说与英国天文学家杰拉德·霍金斯（Gerald Hawkins）在 1965年发表的对这一建筑的基准线的分析的出版物有关。

在讨论霍金斯的研究之前，让我借此机会说明一下该纪念物。它的 19 主体部分包括两圈同心的石头，外圈是连梁柱式建筑（即两根直立的石柱上第三根横在顶部），其中一些石头相当大——重达 50 吨，所以移动它们不是一个小工程。大致说来，这一纪念物的建造阶段和完成阶段约在公元前 2000 年左右。

关于巨石阵有各种各样的传说——这是由德鲁伊教团员（Druids）建立的；它是由尤利乌斯·恺撒（Julius Caesar）建立的；这石头是被巫师梅林（Merlin the Magician）从爱尔兰挪移过来的（甚至是魔鬼自己移的）。事实上，在德鲁伊教团员出现之前，这些石头就已经在那两千年了。我们能确定的是，这一纪念物是由世世代代的新石器时代的人们所建造的——那些人既不会写字也没有金属工具。

霍金斯在巨石阵附近长大，在还是个小男孩的时候就常常在石头周围徘徊。他意识到有关石头排列方式的重要信息。当你站在巨石阵的中心，会有一些因石头排列方式而产生的非常明确的视线。就好像是它的建造者在告诉你："从这里看——这里就是将要发生重要事情的地方。"

　　霍金斯想知道这些视线指向何方。作为一个专业的天文学家,他在麻省理工学院可以利用新的数字计算机,然后证明了许多视线指向的是重大的天文事件。其中最著名的是夏至。在这一天,一个人站在巨石阵的中心会看到太阳在一块尖石头(称为"踵石")上升起,到达这一区域约100英尺高的地方。事实上,每一年现代德鲁伊教团员们都会穿着白色长袍前往巨石阵见证这一事件。

　　霍金斯用电脑发现了其他的重要的对准线,包括夏至日落,冬至日出和日落,和距这些事件最近的满月的发生。他还认为,有可能使用纪念物的不同部分来预测日食,但这种说法并没有被学者广泛接受。

　　在我们的现代理解中,太阳升起在巨石阵的踵石的时候标记着每年地球处于它的轨道上的一个特定的地方。这标志着新的一年的第一天,从这一点上来计算天数是一个简单的事情。因此,巨石阵作为"历法"的概念现在为人熟知。

　　需解释一下:需要每年重新设定天数计算法,因为年的天数不是整数。我们习惯于认为一年有365天,但事实上它有365.2425天。这意味着,如果你从踵石日出开始只计算365天,那么当你重新开始计数时,地球其实还差大约一天的四分之一(6小时)返回它的轨道预定位置。这样的计数四年之后就将成为一整天——这就是我们为什么有闰年。每年从踵石日出时开始计数,巨石阵的拥有者将保持其历法符合四季变化。

　　有趣的是,当巨石阵的这些理念开始变得流行以后,一些人对只拥有如此原始技术的人们是否真的可以进行这样大的工程产生了疑问。在一次著名的学术交流会中,一个学者在学术会议严厉地斥责他的同事,因为后者提议将有能力做这样的事情的人称为"嚎叫的野蛮人"(howling barbarians)。更重要的是,随着时间的推移,大家公认在世界各地都可以找到这种考古天文学的遗址,由此这种对立渐渐消失。我希望我已经在上面说清楚,不识字的人获得建造这种建筑物所需的天文学的专门技能是不足为奇的。最值得注意的事情是,他们的社会组织有能力完成这种重大项目。

　　在离开巨石阵之前,我们必须提到一点。不能因为巨石阵的功能是一个天文观测台，就认为它仅仅是一个天文台。夏至日出，当太阳在天空中最高的那一天，无疑是一个具有宗教意义的瞬间——就像是你仍然可以看到庆祝复活节的"清晨举行的户外宗教仪式"（sunrise services）的早期版本。此外，环巨石阵地区是世界上最富有的新石器时代的古迹蕴藏地之一。学者认为，巨石阵可能是重要的墓葬地点，或是通往圣地的联络处，或是一个康复之地，就像现代的卢尔德（Lourdes）。这项工作仍然在推测中，因为没有书面记录，真的很难梳理这样的信息。

无论它可能有其他的什么功能，毫无疑问，（在现代意义上）巨石阵也扮演了天文观测台的角色，保持四季与天数的计算相符。如上所述，它成为我们的一种文化图腾。例如，如果你曾去过内布拉斯加州西部的小城阿莱恩斯（Alliance），你将能够前往参观"巨车阵"（Carhenge），它是由多辆1972年报废的凯迪拉克轿车搭建的翻版巨石阵——另一个不容错过的体验！

## 基准线分析

霍金斯在巨石阵用到的分析是所谓的"基准线分析"的一个例子。这个概念是，在一个古老的建筑物的重要特征之中画出线条，例如，在两块直立的大型石头之间画线。然后考察这些线条是否指向某个重要的天文事件，如夏至日出之类。如果你找到足够多重要的基准线，那么你认为这个纪念物的建立是作天文学之用的预设就是对的。

一旦这项技术在巨石阵中被证明，学者们很快就意识到，新旧世界的许多古代建筑都与天空的事件相关。这一见解在分析像北欧石圈之类的事物的时候显得特别重要。由于我们没有书面记录来告诉我们如何使用这些建筑物，我们或多或少都不得不依靠石头自身来告诉我们它们的故事。美洲中南部的情况有一点不同，因为我们有西班牙征服者的书面记录，给我们一些土著宗教如何运作的信息。

让我举一个建筑物的建造与特定的天文事件相匹配的例子。在埃及南部的努比亚（Nubia）的阿布辛贝（Abu Simbel）有一座伟大的神殿。你

21

可能已经看到过有关它的图片——其前面是四座同一法老坐姿的巨大雕像。这座神庙是拉美西斯二世（Ramses II）建造的，可以说其是最伟大的埃及法老，该神庙很可能（至少部分）对从南部的埃及潜在入侵者起一种警示作用。像所有的古埃及神庙一样，它由一系列一字排开的石室构成，距入口最远的那个石室作为"最神圣的圣所"。大多数庙宇是用石头在平地上建造的，但阿布辛贝神殿实际上是雕凿在俯瞰尼罗河的坚硬的岩石悬崖上的。

神庙的轴心的方向是精心挑选的，而且，在一年中的两天，10 月 20 日和 2 月 20 日，初升的太阳会照耀整个 180 英尺深的建筑物，并照亮最里面房间里的雕像。由于这两天是法老的生日和加冕日，那么很明显为什么基准线会这么选择了。在这种情况下，现存的书面记录明确表明了神庙基准线的意义。

另一方面，我要提到，当 20 世纪 60 年代开始建造阿斯旺大坝（Aswan High Dam）的时候，河水上涨最终形成纳塞尔湖（Lake Nasser），湖水威胁会淹没这座宏伟的庙宇。在惊人的努力之下，国际工程师团队拆卸了整座建筑物并将其在较高的地方重新组装，甚至建造了一个人工悬崖来替代原来的。

虽然基准线的论据可以让我们对古代人的天文知识有一些深刻的理解，但这一论据在使用的时候需要更为谨慎。首先，如果一座建筑物很复杂（如巨石阵肯定是），一些你可能画出的线会指向一个天文事件可能只是偶然。想象一下，例如，画线连接所有你最喜欢的运动场的入口。可能有数以百计这样的线条，如果其中任何一条都没有指向重要的事情，那将会是惊人的。这意味着，即使你找到建筑物中的一些基准线，如果你想说服持怀疑态度的人相信这一建筑物有天文功用，你可能还是会需要一些额外的论据。

当我想说明这一点时，我会向人们提到在 20 世纪八九十年代有关弗吉尼亚大学（University of Virginia）天文系的事。在这期间，该系被安置在一座建筑中，那里原本是法学院（后来成为环境学系）。这座建筑的三层有一条很长的走廊，我大多数朋友的办公室就设在那里。这件事发生在

4 月 13 日的日落时分,太阳光能透过窗户照到建筑的末端并渗透整条走廊。由于 4 月 13 日是托马斯·杰弗逊的生日,他是弗吉尼亚大学的创办者,不难看出,一些未来的考古天文学家多少可能会把这一基准线归因于这一设计,但事实上,它只是一个巧合——一些不时发生的事件之一。

至于巨石阵,踵石的基准线显然是意义重大的——这一石头的安置远离主圈,给了它一个特殊的意义。很明显,事实上,踵石的放置例子印证了我上面提到的一个现象,在那里建设者告诉我们“从这里看”。

## 新世界的纪念物

让我用提及在新世界发现的两种不同类型的建筑物的方式来结束对考古天文学的讨论,它们是截然不同类型文化的产物。一个是“天文台”,或被称为“椭圆形天文观测台”（El Caracol）,位于墨西哥尤卡坦半岛上的奇琴伊察（Chichen Itza）玛雅中心。另一个是位于怀俄明州的大角山脉（Big Horn Mountains）的医药轮（Medicine Wheel）。

天文台的建造很可能始于 9 世纪,也就是玛雅古典时期的末期。这是一栋两层的建筑,有方形底座以及一个圆形穹顶上层,易让人想起现代的天文台。西班牙名字“椭圆形天文观测台”（“蜗牛”）,来源于其内部的弯曲石阶。上面一层窗户的基准线在夏至时指向日落,冬至时指向日出,还指向最北和最南的金星位置（金星在玛雅占卜中有特殊作用,它的运行周期是他们使用的一个历法的基础）。上一层的部分墙壁已经坍塌,但学者认为墙壁上的窗口指向了像夏至日出这样的事件。科尔盖特大学（Colgate University）的天文学家安东尼·阿凡尼（Anthony Aveni）计算出了椭圆形天文观测台指向重要天文事件的 29 条基准线中的 20 条——这一比例远远高于偶然性。

这一天文台位于奇琴伊察复杂地带的中间,这里最著名的可能是巨石金字塔。这显然是技术先进的农业社会的产物。北美医药轮则截然不同。在美国和加拿大西部山区都能发现其踪影,其中最大和最有名的在怀俄明州东北的大角山脉。不像我们已经讨论过的其他纪念物,医药轮是一

个相当原始的建筑,不过由一些在地面铺设的石头组成。基本结构是一个
有辐条的轮状。有一个小石圈,或石冢在轮的"中心"以及另外 6 个石冢
位于周边。石冢大到足以容纳一个坐着的观测者。整个物体横向约 80 英
尺长,石头本身不是很大——大多数都能很容易地由一个人搬动。

怀俄明州的医药轮坐落在一个壮观的背景之中,就在山脉边缘的一
个平坦的高地上。这个位置提供了一个通畅的观察天空视野,就像下面的
大角盆地(Big Horn Basin)一样。天文学家已经注意到几条重要的基准线,
人们坐在很多石冢中都可以看到。其中两条分别指向夏至日出和日落(这
里没有冬天的基准线,因为这时轮埋在几英尺厚的雪之下)。此外,还有基
准线指向所谓重要的恒星(毕宿五、参宿七和天狼星)的偕日升(heliacal
rising)。"偕日升"指一颗恒星首次在黎明前出现在太阳之上,是季节的另
一个指标。

关于医药轮的有趣事情——这里几乎有 150 个医药轮——建造它们
的是游牧的猎人,而不是农学家。事实上,这些各种各样的人不仅有着先
进的天文知识,而且把这些知识变为建筑,无论是多么原始的构造,这可能
是我能展示的早期研究天空的人能力的最好证据。

## 肉眼天文学:巴比伦和中国

望远镜直到 17 世纪中期还没有被发明,所以无疑,所有先前的天体
观测都只能由未受协助的人类肉眼来完成。许多古代文明留下了天文观
测的书面记录,而这些记录告诉我们一个非常明确的想法,那就是他们所
认为的,是重要的。我们将在本章节的末尾来探究天文学在两个相距遥远
的文化中的发展:巴比伦和中国。

在底格里斯河和幼发拉底河之间发展的文明,就是在现在的伊拉克,
公元前 3000 年,肉眼天文学已经在此地区进行了几千年。我们是幸运的,
不仅因为这些文明有记载,而且他们把他们的观测结果写在了特别耐久
的媒介——黏土板上(当我们在第三章中讨论巴比伦数字系统的时候会
再次提到它)。基本上,数字和文字都是用按压楔形的尖笔的方式在软的

黏土板上作记号——这一方法书写的文字被称为"楔形文字"（cuneiform）或楔形物。"楔形文字"一词从拉丁语中的"楔片"（cuneus）得名。硬化的黏土板可以经历火灾、洪水和建筑物倒塌而存在下来，因此我们对巴比伦天文学的了解非常广泛。

　　看着巴比伦的天文记录对现代的科学家来说是一种奇特的体验。一方面，记载了一些事件在几个世纪中的数据，比如新月和月食的时间，以及恒星和行星在天空的位置。这些数据很可能对以后的希腊天文学家，比如希帕科斯（Hipparchos）和托勒密（Ptolemy），有非常重要的作用（见第三章）。这些活动无疑是用来保持历法与天空相符，就如前文所述的一样。然而，更重要的是，巴比伦人有一个根深蒂固的信念，那就是天上的事件会对地表上的事件有影响。因此，他们的许多天文作品涉及寻找征兆，并以这种形式声明，"如果一个事件 X 出现在天空中，那么有个危险的事 Y 会在地表发生。"

　　解释一个词：征兆不是预测。征兆不会说，如果看见了 X，Y 就一定会发生。实际上是一个声明：如果你看到 X，那你最好小心 Y。你可以把它看作类似于现代的医生告诉病人，如果他或她不做一些事来控制胆固醇的水平，那么就有患心脏病的危险。不是每个有高胆固醇的人都有心脏病，但高胆固醇的水平使你置于一个高风险的类别中。基于天空的事件的某个巴比伦的征兆也是同样的事情，所以国王经常占星来询问在某个特定的时间是否开始军事行动之类的问题。此外，就算天兆是好的，你仍然会有损失，但在你看来，如果天兆不好，其可能性就更大了。

　　中国是另一个有着长期肉眼天文学记录的文明古国。我们可以通过大量的记载追溯到公元前 4 世纪的战国时期，以及通过一些零星的记录追溯到更早时期。在中国，天文学家们的活动似乎与政府的运作密切相关，例如，天文学家被要求为每一个新的王朝统治者制定出新的历法。他们还被要求预测一些重要事件，如日食。事实上，在大约公元前 2300 年就有记录写道，两个天文学家被处决，因为他们未能预测到日食的准确时间。

　　中国的天文学有几个方面吸引了现代科学家的注意。他们细致地记

24

录了我们称为超新星的事件（中国人称它们为"客星"）。这些事件都与大型恒星的爆炸死亡有关。对地球上的观察者来说，它们表现出来的是在之前没有星星的地方突然出现一个星星，徘徊了几个月后消失。现代天文学家可以通过寻找它们产生的碎片膨胀云来探测古代超新星的位置，这就意味着中国的记录可以被现代技术所证实。也许这其中最有名的是所谓的金牛星座中的蟹状星云，它出现在公元 1054 年。不仅中国人观测到了，日本和阿拉伯的天文学家也同时观测到了，也许还包括查科峡谷（Chaco Canyon）和新墨西哥的美洲原住民。奇怪的是，我们没有发现它在欧洲的记录。

中国天文学中有一则记录关注了太阳黑子的出现，这在现代科学中发挥了重要作用。正常情况下，人类不能用肉眼看太阳（你不要试图这样做）。然而，在中国北方有沙尘暴，这阻隔了足够的光线，使得观察太阳圆面成为可能，从公元前 200 年以后，我们发现了看到太阳黑子的记录。该声明的形式是"日中有三足乌"，这可以被解释为太阳黑子的出现（或者，更可能是一个太阳黑子群）。在 19 世纪，这类记录变得很重要，当时科学家首次确立太阳黑子 11 年周期的存在，20 世纪时再次变得重要，当时他们卷入了论证黑子是否在过去周期更长，因为当时太阳黑子没再出现过。我们不会深入讨论这些时期，但有兴趣的人可以参看"蒙德极小期"（Maunder Minimum）来了解这些事件的最新消息。

看起来，中国人除了保持天文记录外，还发展了天空运行的理论——也就是我们现在称为的宇宙模型。奇怪的是，即使在这一点上有一些学术性的冲突，但巴比伦人可能不会这样做。我设想了一下，巴比伦的天文学家仔细研读他们收集的大量数据并从中寻找规律，就像是一个现代的股票经纪人看看股票价格来得到未来活动的暗示一样。股票经纪人真的不在乎他所持股票的公司在生产小工具或其他什么东西——他想知道的只是股票价格是否会上升。同样，巴比伦的天文学家希望能够找到天文事件的规律，但不在乎是什么引发了这些规律。有了足够的数据（和足够的毅力），像日食的发生和新月的出现（阴历月的开始）这样的事情会被他们从他们已经积累的庞大数据库中梳理出来。他们可以（也这样做了）提取信息而不需要了解月球是什么或为什么它会有这样的行为。

　　恰巧，巴比伦的记录在后来的科学发展中也发挥了重要作用。例如，它们使亚历山大时期的天文学家希帕科斯确定了阴历月的长度并精确到秒，还对托勒密的计算发挥了作用，托勒密设计了可以说是全世界最成功的宇宙模型（至少是在你用寿命的长短来衡量成功的情况下）。但那是另一章中的故事。

# 第三章

## 计 算

科学在很多方面涉及数学这一事实,很可能是学生和教师们在科学方面觉得最为头疼的事。用伽利略的话说:"自然的这本书是用数学语言写成的。"数学在科学中的使用源于两个重要的原因。首先,大多数的学科尝试对自然进行定量的描述。例如,如果你想说明今晚 9 点在天空中的具体位置将会出现的一颗特定的星星,你必须给出两个数字来告诉别人以观察方位(这两个数字定义了地平线以上的角度和北方以外的角度)。即使这样一个简单的操作,都涉及使用数字。我们也将在随后的章节中看到,数学进入科学的第二个原因,比起词句,它可以以方程式的形式更方便地表达科学的结果。在本章讨论现代数学的起源之前,我必须指出一点:所有用数学语言表达的公式和理论都可以用简单的英语单词表述出来,尽管不那么优雅。

数学的发展开始于简单的计数需要。例如,如果你要卖 5 蒲式耳(bushel)小麦给别人,显然需要将数字"5"记录在与交易相关的媒介上。例如,你可能会在一根小棍上刻下 5 道刻痕。毫无疑问,数学的首次使用开始于这样简单的计算。不难看出,随着蒲式耳的数量增加,你可能会对刻下刻痕产生厌烦。事实上,你可能会发明一种不同的印记来表示 5 或 10 道简单的刻痕。多数早期的数字系统有着这种累积的性质。我们将用罗马数字来举例,因为尽管它们在历史上的使用较晚,但是它们是我们今天所熟知的一种形式。

在这个系统中,符号"I"代表"小棍上的一道刻痕"。如果你想要写2或3个,你只需要添加更多的"刻痕"——相应的写上"II"和"III"。这个符号不断积累,直到5的时候,你写上"V",然后再重新开始累积。"VI"是6,"VII"是7,并依此类推,直到10的时候,记作"X"。然后这个体系继续推进,"L"代表50,"C"代表100,而"M"代表1 000。如果一个数字出现在这些符号之一的前面,那么就表示应该减去的部分,因此,举例说明就是,"IV"代表4,"IX"代表9。

罗马数字为我们提供了一种计算相当大的数字的完美解决方式,并且效果很好,你需要做的只是计数。但是,对于任何更复杂的操作(如乘和除),要使用它们是非常难办的。如果你不相信我,可以试着用107(CVII)乘25(XXV)!事实上,今天我们主要在仪式方面使用罗马数字,让人对某些人为事件产生一种宏伟感,比如像某届超级碗(Super Bowl)或某部电影续集之类的事件。19世纪末,罗马数字经常被刻在公共建筑上,用以纪念它们的建成年代,例如,"MCCMLXXXVI"指的是1886年。有时,罗马数字的装腔作势也被用来讽刺一些事件,例如,有一个体育记者曾报道,第IX(9)届超级碗中,VII(7)次漏接,IV(4)次突破拦截。

正如我们上面提到的,罗马数字在数学发展史上出现得相当晚。数学的真正发明发生在埃及和美索不达米亚,比罗马人的出场早上一千年。幸运的是,这两个区域的文明在它们的数学工作方面留下了丰富的书面记录,有时甚至达到了数学教科书的程度,所以我们对于它们的运作方式了解甚详。

## 埃及

埃及人也是非常实际的——有一位作家把他们称为"会计师的民族"。他们总是热衷于对各种事情追根溯源。曾经有一个传说,他们用收集(和计算)一堆切断的阴茎的方式对在战斗中阵亡的敌方士兵数量进行统计。很明显,任何人以这样的思维模式去开发一个数字系统会相当有效率。事实上,在悠久的历史中,他们发明了两种数字系统,组织上类似,但使用的是不同的符号。埃及的数字编号会让你觉得熟悉,因为就像我们自己的数字一样是一个十进制的系统(即它是基于 10 的)。

上埃及和下埃及统一成一个实体这一事件发生在约公元前 3000 年,象形文字和所谓的象形数字系统也很可能是在当时出现的。当然,如果没有这两种系统,宏伟的吉萨金字塔(建立于公元前 2650 年)是不可能完成的。

在象形数字系统中,与后来的罗马数字相当类似,用一个符号表示 1 (1 条线),另一个符号表示 10(像一个倒置的"U"),另一个符号表示 100 (一个圈,像一个向后的"9"),还有符号表示 1 000(一个莲花)等。书写数字的时候像是把这些符号堆放在一起,例如,1 个莲花、4 个圈、5 个倒置的"U"和 3 条线,表示的就是 1 453。

28　　公元前 2000—前 1800 年左右,发明了一个简单的标记法。学者称之为"僧侣文系统"。如我们自己的系统一样,它有着到 9 为止的单独数字符号,但与我们的系统不同,它为 10、20、30……以及 100、200、300……提供了单独的符号。这意味着,抄写员们不得不熟记很多符号,但这使得书写数字的时候不那么枯燥乏味。

像巴比伦人一样,埃及人广泛使用了制表进行数学运算,同时埃及人广泛使用了算术的倍数运算。例如,$2 \times 5 = 10$ 这一运算在埃及人的计算中步骤如下:

$$1 \times 2 = 2$$
$$2 \times 2 = 4$$
$$2 \times 4 = 8$$

所以:

$$5 \times 2 = (1+4) \times 2 = 1 \times 2 + 4 \times 2 = 2 + 8 = 10$$

他们还广泛使用了分数进行制表,埃及人总是喜欢用 1/n 的形式来表示一些分数;其中 n 是一个整数。例如,表中可能有一个条目类似:

$$\frac{5}{6} = \frac{1}{2} + \frac{1}{3}$$

用这些表格，他们可以完成很复杂的运算，例如，一张纸莎草纸上记载，学生被要求计算怎样分七块烤面包给十个人，这个问题需要相当高水平的复杂数学运算能力。

我们关于埃及数学知识的精华部分来自于一本为学生编制的有着解答题例的书籍。其中最重要的被称为"兰德纸草"（Rhind Papyrus），来自于 A. 亨利·兰德（A. Henry Rhind），他是一位苏格兰古文物研究者，1858年他在卢克索（Luxor）购买了这一手稿，并在 1864 年去世后遗赠给了大英博物馆。我认为需要说明的是，当时对考古发现物资的治理原则与今天大不相同，因此许多古代世界的文物就被一直留在了欧洲和美国的博物馆里。这究竟是防止材料丢失对其进行了保护（如一些维护），还是对国家财产掠夺的行为，至今仍是一个有争议的问题。

兰德纸草是公元前 1650 年左右由一个叫阿梅斯（Ahmes）的抄书吏书写的，他自称从公元前 1800 年左右第十二王朝的一个手稿复制而来（请注意，使用罗马数字"XIIth"确定埃及的王朝）。阿梅斯说，这一文本将给予：

> 正确的推算方法，用来把握事物的意义和知晓一切晦涩和秘密的事情。

29

他接着还给出了 87 个各类问题的解答题例。

像上面提到过的，十个男人分七块面包的例子，在兰德纸草上的许多例子都涉及我们今天称之为分数的问题。因此，我希望集中讨论这些不同问题相交的子集——几何。

埃及生活中的重点事件是每年尼罗河的泛滥。在数月的时间内，新的表土层覆盖土地之上，确保埃及农田的持续肥沃。其实，正是由于埃及世界的这一特性，导致希腊历史学家希罗多德称这一国家为"尼罗河的礼物"。但是，埃及人也需要每年重新勘测他们的土地。因此，对他们来说，几何不是一个抽象的学科旨趣，却是日常生活中的重要组成部分。

兰德纸草中,我最喜欢的问题是第 50 号,这道题具体如下:

一块 9 肯特(khet,直径)的土地。它的总额(面积)是多少?

取走 1/9,定为 1。余数是 8。用 8 乘 8。得到 64。它就是该地区的总额。

用现代语言来说,阿梅斯是在告诉我们,圆的面积是从方程式得到的:

$$A = \left( \frac{8}{9} \times d \right)^2$$

然而,如果你记得你的高中几何,我们知道正确的方程式应该是:

$$A = \pi \left( \frac{d}{2} \right)^2$$

如果你比较这两个方程式,你会发现埃及人实际上已经制定了圆周与其半径比例的一个近似值。事实上,在埃及,π 的值是 3.160,而正确的值为 3.14159……,相差不到百分之一。(事实上,第 50 号问题的正确答案是 63.6 而不是 64。)

这一练习说明了一个埃及人处理数学问题与今天我们的方法的重要差异。对我们来说,π 这样一个数的精确值十分重要——这是宇宙中的基本常数之一。对埃及人来说,把该地区面积的误差率控制在不足百分之一已经足够好了。他们对于更深层次的 π 的性质问题并不是真的感兴趣,他们只是想继续耕种农田而已。我们可以由始至终地从他们的几何学中看到这个问题。他们解答四边形区域的面积公式只有在区域的两边是相互平行的情况下才能做到精确。例如,大多数他们计算的区域面积只是达到"比较精确"的程度。

像巴比伦人,他们似乎对有关直角三角形的边和斜边的勾股定理有着独特见解。另外,你可以想象,一个勘测员发现当三角区域的两个边长分别是 3 和 4 个单位,第三边长将为 5 个单位,会把这些写下来作为一般规则。把这个与欧几里得的表述作对比,作为一套公理的合乎逻辑的后果也会得出相同的结果。

埃及 π 的近似值是有用的还有另一个原因。一些认为金字塔是由外星人建造的人(其理由,我认为是:"埃及人太愚蠢了,没法自己完成建造。")指出,如果你用金字塔的周长除以它的高度,会得出接近2π的值。从这里他们得到的结论是,一个先进的文明必然参与其中。我认为,50号问题就已经推翻了这些。事实上,埃及人中产生了一些人类最好的工程师,他们利用手边的材料(沙子和人力劳动)创建了历经多个时代的遗迹。

兰德纸草的之后一个问题(第56号)能证明这一点:

> 计算边长(ukha-thebet)为360和高(peremus)为250的金字塔。已知它的侧面的斜率(seked)。

我不打算来解决这个问题,因为主要的复杂性在于把肘长转换为(肘部到指尖之间的长度——约18)掌长(一肘的1/7)。最终,边长必须由每个18的长度上升为约20来进行计算。这些人真了解他们的金字塔!

最后一点,我要指出,如果你查阅现代美国建筑规范,你会看到兰德纸草中描述的金字塔的斜率与屋顶的斜坡斜率是完全相同的方式——与垂直高度的变化相对应,屋顶该上升多少英尺。例如,一个典型的低坡屋顶,每4英尺的长度变化,屋顶应有可能上升1英尺。

## 美索不达米亚

我们现有的关于这一地区的大部分的书面记录可以追溯到大约公元前2000年,尽管有证据表明苏美尔人在数世纪前就制定了一种数字系统。就像第二章中提到的,这些记录用楔形的尖笔刻写在黏土板上,许多被保留至今。

巴比伦的系统是古代世界最广泛和最有影响力的数字系统,工作方式是这样的:记录一个"1",向下的笔刻下一个"V"在黏土上。记录一个"10",用横向的笔杆来刻">",这就意味着如果写一个数字如"23",那么在巴比伦系统中就是">>VVV"。在这一点上,该系统似乎很像罗马数字。

从这种方式最多能写到"59"。在这一点上,巴比伦的系统与我们熟悉的东西相似。由此编号系统切换到一个新的序列（就像我们在"9"之后写"10"一样的方式），并重新开始计数。因此，数字"61"被写为"V（空格）V"。巴比伦的系统，换言之，是"六十进制"的，而我们是"十进制"的。例如，"V（空格）V（空格）V"应当被理解为第一个"V"是 3 600（就是 60×60），第二个"V"是"60"，最后的"V"是"1"——这个数字我们会写为 3 661。因此，巴比伦系统是一个奇怪的十进制混合体，就像我们使用的系统一样，只是它是建立在 60 的基础上的。

为什么是 60？没有人真的知道该如何简洁地回答。有些人认为，这是因为一年约有 360 天，还有人认为，60 是一个容易被许多其他数字整除的数。甚至有一个半认真的建议，认为它与人单手的手指关节有 15 个（牢记 4×15=60）这一事实有关。坦率地说，这些解释没有令我信服。然而，巴比伦系统指出了算术的一个重要的事实：我们已经习惯了的建立在"10"基础上的十进制，其实并没有什么神圣或特殊之处。

事实上，尽管十进制对于用十个指头的我们似乎是"自然而然"的，在我们的日常生活中，我们还是经常会使用其他系统（即使是无意识的）。例如，你的笔记本电脑，采用的是二进制系统——基于"2"的系统。在这个系统中的数字，用 1 表示 1，10 表示 2，11 表示 3，100 表示 4 等。这对于计算机来说也是"自然而然"的，原因是机器的基本工作单元是晶体管，它在 1 的时候开启，0 的时候关闭。在 20 世纪 70 年代，计算机通常使用的编号系统是基于 16 的。有些混乱的原因是，晶体管以八个一组的方式出现，有时需要用两组（也就是 16 个晶体管）进行计算。在这个系统中，数字上升至 9，后面是 A、B、C……F，之后是"10"。我和其他物理学家适应这个陌生系统的速度之快让我惊讶。

总之，巴比伦系统在我们的生活中仍然存在着痕迹。我们把一小时划分成 60 分钟，把 1 分钟划分为 60 秒以及我们认为一个完整的圆是 360 度，都与这一系统有关。

话虽如此，我们必须指出，在巴比伦的数字系统中有一个严重的缺陷，那就是它缺乏数字"零"。我们将在下面详细讨论零，但暂且注意，如果零不能占有一席之地的话，巴比伦的 1（"V"）和巴比伦的 60（"V"）将

无法区分。在我们的阿拉伯数字系统中,很容易看到,210 和 21 是不同的
数字,但是在巴比伦人那不是这么回事。(顺便说一句,系统中零的缺乏解
释了为什么我在上述对巴比伦数字的讨论中从 59 跳到了 61。)

第二章中,我们提到巴比伦人很善于计算,即使他们的方法在我们看
起来可能有点奇怪。让我们举一个简单的操作为例,例如乘法。巴比伦人
在数字的平方方面有一个大的表格——$2^2=4$、$3^2=9$、$4^2=16$ 等。然后,他们
通过简单的代数公式将数字乘起来:

$$ab=1/2 \left[ (a+b)^2 - a^2 - b^2 \right]$$

让我们用巴比伦的方法来做一个简单的练习,我们将其写为:

$$2 \times 5=10$$

巴比伦数学家会说,a=2 和 b=5,然后通过查阅表格找到:

$$a^2=4$$
$$b^2=25$$
$$(a + b)^2=7^2=49$$

然后,他会说:

$$2 \times 5=1/2 (49-25-4)=1/2 (20)=10$$

它可能显得繁琐,但这一系统是有用的。巴比伦人也有办法解决某
些类型的一元二次方程式,我们将在下一章回过头来探讨这个主题,并找
出一个 2 的大致平方根——这是另一个难题。尽管他们在估计 π 的时
候没有做到很精确,π 是圆周与直径的比例。他们的数值接近 3,而不是
3.14159……,我们知道它是 π。

通过了解巴比伦的数学文本你会发现一个事实,他们对解决各种问
题实用性的强烈要求。事实上,阅读这些文本,可能会令你想起你曾在高
中遇到的"应用题"。例如,一个典型的问题可能会告诉你,每天要把定量
的大麦给一个挖一条有一定长度水渠的人,然后问你,聘请 10 个人挖一条

更长的水渠需要多少大麦？（渠道灌溉是一项重大的技术进步，使美索不达米亚文明得以蓬勃发展。）

## 玛 雅

数学系统的发展这一主题不能不提及位于现在的墨西哥和危地马拉的玛雅文明。玛雅人的祖先在公元前 2000 年左右到达中美洲，玛雅文明古典时期约从公元 250 年持续到公元 900 年。这一文明的大部分记录在 16 世纪被西班牙征服者所摧毁，但遗存下来的材料，足够让我们了解他们的数学发展。

该系统的发展独立于上面所讨论的巴比伦和埃及的系统，但它们有惊人的相似之处。三个符号表征——一个点（表示 1），一个条（表示 5）和一个像蛤壳或压扁的足球一样的图形表示零。（事实上，玛雅人已经开发出了"零"的概念，很令人关注，但由于与欧洲和亚洲的文化在地理上的隔离，导致这一发现并没有散播开来。）

玛雅人的计数方式类似于罗马数字——一个单独的点表示"1"，两个点表示"2"，依此类推。一个条取代五个点，然后继续反复。该系统基于数字 20，而不是 10。根据记录，这是一个被称为"二十进制"的体系，学者认为这是把手指头和脚趾头都用上了的结果。因此，四个点下面三个条代表 19，而蛤壳后加一点是 20，两个点分隔开来表示 21，等等。此系统中有一个奇怪的小故障，实际上可能是探究其起源的一个线索。其次，你会认为 20×20 的结果是 400，但实际上成了 360，这是基于 20 重新开始计数之后的正常结果。据我们所知，玛雅人就像罗马人一样，只用他们的数字系统计数，而不执行如乘或除之类的操作，也没有分数的概念。

对于玛雅数字系统起源的最好解释是它产生于历法——你会回想起第二章中提到的玛雅人有复杂的天文学知识。他们实际上有两种历法——260 天的宗教历法（每月 20 天，共 13 个月）和 365 天的民用历法（每月 20 天，共 18 个月和一个短短的 5 天月）。不像埃及人，他们使用"额外"的五天进行典礼活动，玛雅人认为这是一个不幸的时期。虽然 260 天"年"的起源目前还不清楚,但有人认为它可能对应当太阳在人头顶的那段时期。(记住,太阳是不会直接照射北半球的。)

当两个历法重叠在一起(每 52 年一次)以及两个历法重叠在一起并与金星一起出现(每 104 年一次)的时候,玛雅人就会举行重大庆典。仪式的目的是纪念例如铭刻重大纪念物的落成日期,他们使用所谓的"长计数",主要是对创世以来的天数做标记。玛雅人认为创世的日期是在公元前 3113 年 8 月 12 日左右,对这个问题存在一些学术争论。从这个日期向后推算,2012 年 12 月 22 日在玛雅数字体系中将是"12.19.19.17.19",当然,2012 年 12 月 23 日将是"13.0.0.0.0"。实际上,"里程表"(所谓的英国里程表)将会在那一天重新计数。

一旦你理解了长计数时期的含义,你会意识到 2012 年 12 月 22 日比起每年的 12 月 31 日的午夜后,也就是将会有年变化的这天不存在什么更多的真正意义。上一个新年的第一天,或 1999 年 12 月 31 日不是世界末日,尽管好莱坞和博客圈的宣传会让你相信这些,世界末日也不会是 2012 年 12 月 22 日!

## 零的历史

在我们对各种数字体系发展的讨论中,我们反复看到了零这一概念的重要性。在某些情况下,例如使用了这一概念的玛雅人,由于地理隔离显然限制了其他文化采纳这一创新。可是这不是故事的全部,因为千百年来很多数学家们似乎已经发展了一个类似零的概念,只是没有将它放在视线中。如果我们说"在这样的一个日期,数学家 X 发现了零而且被其他每个人所接受",这将会是一个更好的故事,可惜事实上并不是这样。

要理解这一点,你需要思考到目前为止我们已经谈论的一些人会有何种反应,如果你给他们一个证据证明零的重要性。向一个非常注重实用的埃及人提出一个问题,问题中的一个农民有零头牛,那么他可能会问:"你为什么用这个问题来烦我?"对他来说,如果没有牛,就没有需要解决的问题,那么他会把他的注意力更多地放在有直接利益的问题上。

　　另一方面,希腊数学家(典型的)更关心这一概念的哲学意蕴。"怎么会有一个事物(一个符号)表示什么都没有?"这不是一个容易回答的问题。你会想起亚里士多德的名言,真空(无)是不可能存在的,因为空间会迅速被周围的物质所填充。他的格言,"自然界里是没有空白的"仍然在物理与政治科学领域之间存在巨大分歧的时候被引用(据记载,亚里士多德的论点只在真空不是一个周围物质都被排除的空间时成立)。

　　这两个例子在说明抽象数字的概念时存在一些固有的困难——从"3头牛"到"3个实体"再到"3"的抽象概念。当然,在这个问题上,零的概念的抽象就更为困难了。

35　　巴比伦人的六十进制体系真的需要一种方式来表示像零的占位符。他们习惯用空格,或者到后来用特殊标志,如"来分隔不同列的数字。然而,他们从来没有在数字的结尾使用过这些标记,这就意味着无法真正区分单独写的如 31 和 310 这样的数字。他们似乎是依靠上下文来判断的。一个现代的例子证明依赖于上下文可能是事实,如果你问一件物品值多少钱,如果你购买一本杂志,或购买一件昂贵的衣服,你会给出如"两个50"之类的答案。

　　先不管对希腊人有怎样的哲学推测,但有迹象表明,埃及托勒密王朝的(原著此处为"Ptolmaic"有误,应为"Ptolemaic"——译者注)天文学家在做计算时确实已经用到了零。他们在其数值表示中用第 15 个希腊字母(O)作为一个占位符,这个设计是有道理的,因为他们使用字母来表示其余的数字。例如,在《天文学大成》(Almagest)中,托勒密在数字中间和数字末尾使用了带第 15 个希腊字母 O 的巴比伦数字体系。尽管这个设计似乎从来没有离开天文台的技术世界进入希腊化时期的日常生活领域。

　　事实上,我们目前的数字系统的起源不是起源于古典世界或美索不达米亚,而是起源于印度。我要提醒你,在历史学家之间关于这一领域的发展的确切日期和后续事件存在相当大的分歧。这部分是由于事实上我们今天的数学文本并非原件,而是"副本的副本的副本",当然,这就产生了一些问题,也就是它一开始被书写的时候的文本内容是什么,后来又加入了什么？

　　但是，一致的舆论似乎表明，大约公元500年，印度数学家阿里巴哈塔（Arybhatta，476—550年）当时正在使用进位计数制。他没有使用符号表示零，但他用了"kha"一词来表示位置。顺便说一句，他也可能已经意识到 $\pi$ 这一数字是不合理的（即它不能表示从上到下的所有整数的分数）。

　　到公元628年，数学家布拉马古普塔（Brahmagupta，598—660年）不仅使用了符号来象征零（一个点或一个圈），还阐明了一系列使用零的计算规则——如"零加零等于零"。很明显，这个时候，印度的数学家已经成功地攻克了从代表事物的缺乏的零过渡到作为抽象数字的零这一难关。更令人惊讶的是，他们还开发一个负数的概念，并理解像从零减去一个负数会得到一个正数这样的事实的抽象原则。但是，像许多现代的学生，他们在数字被零除的过程中存在困难，而且从来没有得到过正确答案。

　　我要指出的是，我们今天仍然有时还需要在有关零的问题上进行角力。在2000年千年之交的时候，例如，有一组反对者的声音称，由于我们的体系是从第1年开始的，而不是零年，所以我们不应该庆祝千禧年，而应该等到2000年12月31日再庆祝。当我在聚会中与这些人狭路相逢，被逼入绝境的时候，我的回答是："我认为，从技术上讲，你可能是正确的，但你会错过一个绝好的派对！"

36

# 第四章

## 希腊和亚历山大时代的科学

　　各个已知文明的人们经常追溯以前的时光,并认为当时是一个黄金时代,说:"那是一切开始的地方。"在今天的西方文明,我们倾向于用这样方式回顾,并把我们提及的人称为"希腊人"(具有讽刺意味的是,希腊人用同样的方式回顾埃及人)。所谓"希腊",往往使人联想到的画面就是胡子拉碴的先贤身着白色的宽松外袍漫步在雅典周围,但其实希腊文明包括了地中海东部地区的许多不同文化,并持续了很长的时间,例如,我们将考察的公元前 600 年到公元 200 年左右的时期。在这漫长的时期和广泛的地理范围中,希腊有着大量的科学贡献是不足为奇的。最重要的是,在过去的两千年来,许多一直是科学发展的主要问题都是首先被古希腊的哲学家提出来的。此外,我们将在后面的章节中看到,他们思想的影响力远远超出了他们自己所在的时空。

　　由于我们的目的在于追溯科学的发展,那么我们将着眼于三组不同的地方和时期——认为它们是更复杂的和持续的过程的快照。其中的第一组涉及约公元前 600 年爱奥尼亚(Ionia,在现在的土耳其西部)的希腊殖民地的哲学家们;第二组涉及约公元前 350 年雅典的更为著名的哲学家们;最后一组是在公元的最开始几个世纪中在亚历山大时期的希腊城市以及下埃及的相当著名的一批学者。我们将会探讨的主要贡献:(1)在博物学框架内试图认真地解释对自然的观测,在希腊习语中这一过程被描述为"拯救现象"(saving the appearances);(2)强烈依赖使用人的理性（如反对宗教的信仰）来了解世界。

## 爱奥尼亚

爱奥尼亚的希腊殖民地位于东地中海沿岸，它位于一个商业十字路口，那里的贸易路线东西交叉，纵贯南北。这种地方往往会产生久经世故和现世的人，这与今天文化交汇的城市（想想纽约和伦敦）有着大致相同的方式。我一直有一种感觉，现代美国人的无礼和冒险性的性格，总是在寻找一些新的东西，这些与爱奥尼亚城市中的人群相当一致。所以，这一地区繁衍的后代被冠以如"最早的科学家"等美誉就不足为奇了。

我们将谈论的哲学家通常被称为"前苏格拉底哲学家"（pre-Socratics），很明显，这绝不是他们对自己的称谓。除少数例外，我们将讨论的人没有留存文本。作为代替，我们被迫在之后幸存的文本中重建他们的观点，可能会说一些像"哲学家 X 说过这样或那样的"。然而，这些幸存的参考文献足够把他们的思想传达给我们了。我们的目的是考察前苏格拉底哲学家如何处理上文曾提及的重大问题：其中一个问"世界是由什么组成的？"考虑到我们要彻底弄清楚这个问题，我们将讨论范围限定为两名男子——米利都（Miletus）的泰利斯（Thales）和阿夫季拉（Abdera）的德谟克利特（Democritus）。

公元前 645 年左右，泰利斯出生在位于现在土耳其西部海岸的港口城市米利都。他通常被认为是寻求解释自然而不是解释超自然的第一人，因此通常被称为"第一位科学家"。关于泰利斯的人生有许多的传说。例如，希罗多德告诉我们，他预测了日食，该日食曾打断了在传奇国王克洛伊索斯（Croesus）率领的吕底亚人（Lydian）与入侵的波斯人之间的战争。还有传说，泰利斯致富是因为囤积了橄榄油；另一则传说，因为一直抬头仰望夜空，没注意前方，他掉进了沟里。

不管他是一个什么样的人，泰利斯显然是一个在科学主题方面有着独创的思想者。根据亚里士多德的《形而上学》（Metaphysics）：

> 万物始所从来，与其终所从入者，其属性变化不已，而本体常如……这类学说的创始者泰勒（利）斯说"水为万物之源"。

很容易看出泰利斯的用意所在。在现代语言中，我们身边最常见的物质形态是固体、液体和气体。我们经常看到所有这些状态中有一个共同的物质。水可以是固体（冰）、液体（从水龙头出来）以及气体（水汽）。认为水是所有物质的基本组成部分，还有什么说法比这更自然？

泰利斯的跟随者们后来在他的水观点的基础上又增加了土、火和气，这便是众所周知的希腊元素的四大组成部分。这个理论的重点不是它的准确度，而是事实上人类第一次产生了关于自然的描述，没有依赖于对神的幻想，纯粹诉诸自然原因。这的的确确是一个巨大进步。

下一个重要的进步出自一组哲学家，其中最有名的是德谟克利特。约公元前 460 年他出生在色雷斯（Thrace）的阿夫季拉，位于现在连接土耳其和希腊的狭窄地带。像泰利斯一样，德谟克利特也思考了宇宙的基本构成，但与泰利斯不一样，他是从推理（或哲学）的角度来探讨这个问题的。

假设他问，你拿着世界上最锋利的刀切割一块材料——设想它是一块木头。你把它切成两半，再把切下来的一半分成两半，然后再把剩下的分两半，依此类推，直到剩下的东西不可以再被分割。德谟克利特称它为"原子"，大约可以翻译成"不能被分割的事物"。希腊的原子论实际上是非常深思熟虑的，不同材料的属性存在与（假想的）原子的属性是相关的。例如，铁原子被认为是固体的东西被钩状物连在一起，而水原子是流体和光滑的。然而，这一理论从未真正地流行起来，除了单词"原子"之外，对科学的进一步发展（见第七章）影响不大。

## 雅典人

正如上面提到的，当大多数人听到"古希腊人"这个词，他们会想到公元前 4 世纪雅典的黄金时代。更明确地说，他们会想起雅典哲学的"三巨头"——苏格拉底、柏拉图和亚里士多德。重要的是要意识到,虽然这些人,尤其是亚里士多德对科学的发展起到了重要的作用,但是他们不会认为这些人是现代意义上的科学家。他们是哲学家,关注的问题是理解现实的本质,或者探索如何过好生活。那么接下来我们将在他们的思想中寻找很小的一部分——这一部分对后来的科学发展产生了影响。

在柏拉图的《理想国》(Republic)里,他提出了一个著名的比喻,解释了他对现实的看法。他说,人类就像洞穴里的囚犯,看着岩壁上的影像(shadows)。现实世界——产生影像——是外在的,没有给我们提供有用的东西,但我们可以通过理性的力量认清现实。对柏拉图来说,最终的现实是他所谓的"形式"(form),这体现了存在的纯粹本质。例如,一个存在的形式为"狗",我们看到的每只狗都是这一形式的不完美表现。

我认为下面这个例子对思考形式很有帮助。回想一下高中学习几何,你的老师在证明勾股定理($a^2+b^2=c^2$)。有可能他或她在黑板上画了一个直角三角形以帮助证明。现在问自己一个简单的问题:究竟你的老师讲的是什么三角形?

这显然不是黑板上的三角形——线条不是绝对的直线,它有各种不完善的地方。你的老师说的是一个理想的、完美的三角形——实际上并不存在于我们的世界。完美的三角形是一种形式,每一个真正的三角形都只是它的不完美的代表。

虽然我们在哲学课程之外不再谈论柏拉图的形式,但这种观察世界的方式通向了一个极其重要的科学理念:我们可以用数学来描述物质世界。下一章我们将致力于这一概念,但在这里我们只想指出,如果你认为你通过理性认识得到真正现实的知识,如果你像古希腊人一样相信几何是理性的最高形式,那么距离世界能被数学框架所描述的理念真的就只有一步之遥了。

也许这种几何概念最有名的应用是某一时刻通过柏拉图的名为尼多斯的欧多克索斯(Cnidus of Eudoxus,约公元前410—前355年)的学生完成的。假设柏拉图曾让他的学生寻找天空中简单的,有规律的运动来解释被观察到的行星的不规则运动——这样的活动被他称之为"拯救现象"。

40

（今天，当然我们也认识到，最明显的不规则运动的出现是因为我们是从一个运动的平台观察太阳系。）但是，地球是宇宙的中心的想法是如此的根深蒂固，所以这个解决方案几个世纪以来只是少数古希腊哲学家的想法。因此，在欧多克索斯开发的模型中，地球位于中心一动不动。太阳、月亮和行星，每一个都被一些天体群所移动，这些天体群勾勒出星体在天空中的运动轨迹。这个模型解释了大量的天文学家所观察到的现象，尽管它最终也没能解释为什么行星的视亮度不时变化——我们现在知道这一影响是地球在轨道上围绕太阳运动造成的。

柏拉图的学生亚里士多德（公元前 384—前 322 年）对科学的发展影响最大。他有一个冒险性的人生，作为亚历山大大帝的导师，并在雅典创立了自己的学校（学院）。他著述颇丰，涉猎广泛，包括许多今天我们认为是科学领域的。不幸的是，虽然他可能著述了大约 150 本书，但只有 30 余本幸存至今。

读亚里士多德的书是有点困难的。柏拉图的对话是优美的文学作品，然而我们所拥有的亚里士多德的著述内容往往是跌宕起伏的，而且分成短的片段，更像讲义而并非成品。然而，他智慧的力量如此强大，定义了科学在其后上千年的继续发展的方式。

虽然亚里士多德写了许多种科学著作，但他给现代读者的印象更像是一位生物学家——事实上，他对爱琴海东部的生态系统的研究是生态学领域的极好范例。他拒绝了柏拉图的理想形式，倾向于直接研究自然。他的分析方法包括自然界的一切都有四个"原因"（cause，需要注意：亚里士多德认知的"原因"与我们在现代英语中已经习惯了的在意义上不一样）。这些"原因"是：

目的因（Efficient cause）——是什么导致它发生；

形式因（Formal cause）——它是什么形状；

物质因（Material cause）——它是什么做的；

动力因（Final cause）——为什么做它。

例如，如果你用这种方式分析一艘船，其目的因是设计师和制造者，形式因是船的形状,物质因是做它用的木材,动力因是其在水面上输送货物的任务。以这种方式考察大自然的一切,我们可以产生一个关于世界的法典化、相互关联的知识主体。

亚里士多德为未来提供了一个连贯的和合理的审查自然的方式。他强调"原因",尤其是动力因,这些在后来的 1 500 年里支配了自然哲学的发展。但是有时候,这一问题反过来成为了科技进步的障碍。我们可以看一个例子,这个问题被称为"抛物运动",看看会发生什么。

亚里士多德物理学的核心概念是对象的行为由它们的内在本质决定。例如,一个重物下落,在某种意义上,缘于它的性质迫使它寻求宇宙的中心(请记住,与希腊人认为地球是中心是一样的)。在亚里士多德的框架中,石头的动力因是落向中心。这就是为什么你松手,石头会落下。亚里士多德把这种下落叫做石头的"自然运动"(natural motion)。

但是,如果你向上扔石头,那就是对石头施加一个反对其性质的动力。这就是所谓的"暴力运动"(violent motion)。通过区分这两类运动,亚里士多德形成了一个基本上无法被回答的问题:如果你扔石头,什么时候由暴力运动转为自然运动?从第一次提出了这个问题后,到中世纪哲学家几个世纪以来,在对这个问题的争辩中,你仍然可以找到证据。

事实上,直到 17 世纪,伽利略(见第六章)才解决了抛物运动的问题,其解决方案与亚里士多德的想象大相径庭。实际上,伽利略揭示了你想知道的所有关于石头的问题——石头在任何时候的位置,它会落在哪里,它在空中停了多长时间。但是,他不能告诉你关于自然和暴力的运动,因为这种区分根本没有任何意义。我们现在认识到,许多亚里士多德对自然的分类来自于人的主观,而不是从自然本身得到,因此,最好忽略它。

## 亚历山大和希腊化时代

古希腊世界被普遍认为结束于亚历山大大帝(公元前356—前323年)的大规模征服。这是美国教育制度奇怪的方面之一,学生经常接触哲学家和雅典古典文化,而其之后的一段时间被忽略掉了。这几乎是从亚历

42

山大大帝直接跳到了恺撒大帝,而把中间的几百年历史忽略不计。事实上,这一时期,历史学家称之为"希腊化"(Hellenistic)时代,正如我们将看到的,在科学的发展史上是一个非常重要的时代。毕竟,除其他事项外,这一时期,锡拉库扎的阿基米德(Archimedes,公元前 287—前 212 年)发现了浮力原理;萨摩斯(Samos)的阿里斯塔克斯(Aristarchus,公元前 310—前 230 年)首次提出太阳是太阳系的中心;罗得岛的希帕科斯(Hipparchus,公元前 190—前 120 年)在衡量地球到月亮和太阳的距离方面作了可靠的尝试。

　　一些背景资料:亚历山大大帝统一希腊后征服了大部分已知的世界,到达了远东地区,也就是现代的印度。他去世后,他的伟大帝国被他的四个将帅分裂开来,其中之一叫托勒密(Ptolemy),得到了埃及这个富饶的国家作为他的份额。亚历山大在他的一生中曾以"亚历山大"为名建立了十几个城市,但在埃及的城市是迄今为止最重要的。位于地中海的尼罗河三角洲的一侧,它成为了一个主要的学术和商业中心。

　　话虽如此,我应该赶紧指出,亚历山大不是真正属于埃及,而是一个希腊的城市,只是碰巧位于埃及。虽然托勒密和他的继任者沿用了埃及的古老称谓"法老",距离埃及最后的著名君王埃及艳后有两个世纪之久,还费心去学习埃及的语言。一位作家对希腊的亚历山大城的描述相当到位,把它称作一个"封闭式社区"。无论如何,亚历山大城是用埃及的财富使古典知识继续前进的绝佳平稳之地。两个机构——博物馆和图书馆——是这方面努力的重要部分。

　　亚历山大图书馆在当时很著名,即使在今天仍然是一个传奇。你首先要知道,它与我们今天所说的图书馆完全不一样。首先,里面没有藏书。亚历山大城是一个制造纸莎草纸的中心,作品都是写在卷轴上。其墙壁,换句话说,更像是一组文件架,而不是一排书架。图书馆的一部分可以称为一个我们今天的研究所,是一个来自古典世界各个地方的学者工作和生活的地方,这里受到托勒密王朝的支持。据说这里是仿照亚里士多德建立的雅典学院修建的。我们并没有这一建筑的任何图纸或建筑规划,但一些消息来源表明它有庞大的阅览室和单独的编目和采购办公室。博物馆与现代的对应物相比起来更没有什么相似之处,因为它是不对外开放的,也没有展品。取而代之,你可以认为它是一种附属于图书馆的小型的智囊团。

受到整个托勒密王朝统治者们的支持,这些机构才能如此的成功。收集卷轴显然是这个王室的酷爱。有一则法律规定,每艘进入港口的船都要被搜查,看有没有书。如果发现了书,则要被充公并复制,原件进入图书馆,原主会得到副本。另一个故事其准确性有些可疑,提到马克·安东尼(Mark Anthony)给了克娄巴特拉(Cleopatra,托勒密王朝最后的法老)几十万份帕加马(Pergamon)图书馆馆藏卷轴作为结婚礼物。亚历山大图书馆在古代的某一时间被烧毁了。有两种说法交由你来判断。第一,公元前48年,当尤利乌斯·恺撒在亚历山大放火焚烧埃及舰队时,不慎烧毁了图书馆;或是第二种说法,公元391年基督教主教下令将之焚毁。无论哪一种说法是正确的,都只能是失去了收集了数百年的伟大知识储备。一件让人愉快些的事情,一座新的亚历山大图书馆正在古城的海滨建造,正是为了纪念这座伟大的机构。

图书馆和博物馆这样的基础建筑持续了几个世纪,必将拥有许多著名的学者和科学家。我们将只考察其中三个名人的生活——欧几里得(Euclid,生活于大约公元前300年前后)制定了几何学原理;昔兰尼(Cyrene)的埃拉托色尼(Eratosthenes,公元前276—前195年)测量了地球的周长;克劳狄斯·托勒密(Claudius Ptolemy,生活于约公元100年前后)构造了迄今最成功的宇宙模型之一。这些人中的每一位都对后世有着重大影响,这些影响在某些情况下持续至今。

## 欧几里得

当你上高中几何课时,你有可能会被教到亚历山大时期的欧几里得首先创立的方法。我们对这个人本身所知甚少,尽管我们知道他生活在约公元前300年托勒密王朝的第一位统治者在位时期的埃及。在古代文献中有迹象表明,他曾就读于柏拉图的雅典学院。还有一个故事(很有可能是杜撰的)说托勒密一世问他是否有一些简单的方法来掌握数学，他回答:"几何无坦途"。除了像这样的一些有趣的花絮外，我们对于他本人和他的工作的了解主要来自于他对几何的著述，被称为《几何原本》(*Elements*)。

并不是说欧几里得只研究几何——远不是这样。就像大部分重要的亚历山大时期的学者一样，他曾在许多领域进行钻研。他的研究成果中散落在反射、光学和透视以及圆锥曲线等学科的理论仍然屹立不倒，这些领域他都曾有所贡献。但是，毫无疑问，他在几何方面的成果对过去几个世纪里科学的进步有着最大的贡献。

44　　　　重要的是要记住，并非所有的几何方案都是欧几里得创造的。事实上，他得出的大多数的结果都是已知的，至少其粗糙的形式在他很早之前就有了。例如，埃及人需要在每次尼罗河泛滥后重新测量他们的土地，由此他们得到了很好的实践中的几何知识，我们将在下一章看到这一点。许多古老的文明在勾股定理上似乎都有一定的实践知识积累，或者至少是知晓"边长为 3—4—5"的直角三角形。欧几里得所做的是把所有这些不同的结果集合起来展示出一个简单的逻辑系统，开始他所谓的"假设"和"共同概念"就是我们通常所说的公理和定义。从这些少数的最初设想，他开发出了形式论证的方法，这一方法显示出所有其余的几何学要遵循的公理和简单的逻辑。

例如，他最有趣的公理说，通过一条直线外的一个点，有且只有一条另外的直线可以与第一条线不相交(即平行)。这是相当直观的——如果你想象一下，倾斜这条平行线，不论如何轻微的倾斜，你都会看到它最终会与原来的线相交。这个公理(也被称为"平行公设")可以得出一个三角形的三个内角度数必须总计达 180 度，这是另一个高中几何所熟悉的结果。它也可以证明勾股定理，不是用于多次测量泥泞的田地寻求结果，而是作为一个假设的合乎逻辑的结论。

欧几里得的逻辑是如此强大，以致他的方法的适用领域远超过几何学。例如，在第七章中，我们将讨论艾萨克·牛顿的工作以及现代科学的基础。任何人读牛顿的《自然哲学的数学原理》(*Principia*)会立即发现一个事实,显然牛顿的力学建模方面是建立在欧几里得的《几何原本》基础上的,虽然力学与几何学是不相关的领域。

事实上,我认为,在这个意义上,欧几里得的例子对于现代科学家展现他们成果的方式有一定负面影响。在第一章中我们已经了解,真正的科学是以实验和观察为基础的。存在的混乱就是科学家经常花很多时间探索(并最终行不通)死胡同。然而,读一篇科学论文的时候,很少对这个过程有所暗示。相反,你能得到一个从最初假设到最后结果的稳定发展过程,却很少注意这一发现的真实经过。就我个人而言,我认为欧几里得的这一方面在我们的世界里仍然发挥作用。

在我们谈论完欧几里得之前,还需要解决一个问题,这一问题在20世纪初阿尔伯特·爱因斯坦开发相对论时显示出极大的重要性。重点在于欧几里得的几何学很美妙和合乎逻辑,但并不是真正描述了我们所生活的世界。

要论证这个问题很简单,只需要试着思考一下三角形。正如我们上文所指出的,鉴于欧几里得的假设,我们可以证明三角形的三个内角度数之和必须总计达180度。但是想象一个在地球表面的三角形,两边是子午圈的经线而第三条是赤道。子午线在北极点汇合形成三角形的一个角,但它们每条都垂直于赤道。这就意味着,每条子午线与赤道相交时都会形成90度的角,而两个角的度数加起来为180度。反过来,这意味着,当我们加上两极角的度数,这个三角形的角度加起来会超过180度。

这个简单的例子表明,欧氏几何不适用于对地球表面这种情况的描述。事实上,19世纪时数学家们认识到欧几里得的假设虽然看起来符合逻辑并且清晰,但是只适用于一个平面上。它们在埃及的几何领域或在美国的住宅方面能提供很好的近似值,但不能适用于每一个系统。事实上,测量师在为地球测量曲率时,尤其是测量长距离时,经常纠正他们的读数。正如我们将在第九章中看到的,所谓的非欧几里得几何学的发展在20世纪的物理学中是非常重要的。

## 埃拉托色尼

我们在小学时就已经被教导地球是圆的,这一说法在古代的时候就已经有了——到哥伦布航行时,这一说法已经有上千年历史了。事实上,首次记载测量地球周长的人是约公元前 240 年希腊地理学家埃拉托色尼,他后来成为了亚历山大图书馆的首席馆员。他的工作方法是这样的:他知道夏至那天太阳光会照到阿斯旺(Aswan)的所有井底,这表明太阳在人头顶正上方;同时,他测量了亚历山大一个已知高度的杆的投影长度。从这个测量,辅以一些简单的几何图形,他得出结论:亚历山大和阿斯旺之间的距离是地球周长的 1/50。他如何确定这两个城市之间的距离仍然是那些有趣的学术谜团之一,可能永远都不会得到解决,但他测算出地球圆周为 252 000 斯台地亚(stadia),"斯台地亚"在当时是一个标准的长度单位。

古代世界中有个问题,"斯台地亚"有好几个定义,就像我们今天有法定英里(5 280 英尺)和海里(6 076 英尺)一样。所有的 1 斯台地亚长度都是 200 码——一个足球场长度的两倍——最有可能,埃拉托色尼测量的地球的周长大约为 29 000 英里,与其当前值相比,仅仅比 25 000 英里多一点。

还不错吧!

## 克劳狄斯·托勒密

克劳狄斯·托勒密(约公元 90—168 年)住在亚历山大城的时候,它不再是一个独立国家的首都,而是罗马帝国一个行省的主要城市。他的名字与一位罗马皇帝一样,表明了他是一个罗马公民。像其他亚历山大时期的学者一样,他用希腊语写作,这可能表明他处于属于希腊共同体的埃及。中世纪时,他经常被艺术家们描绘成一位国王,但没有任何证据表明他与托勒密王朝的法老有关系。事实上,"托勒密"在马其顿的贵族中是一个相当普遍的姓氏；例如，在亚历山大大帝的军队中有一些军官就是这个姓氏。

与欧几里得的情况一样，关于托勒密生活的细节我们所知甚少。与欧几里得一样，他曾在许多领域有研究——地理、光学和音乐理论，仅举这几例，但他被人铭记的原因是他写的一本重要的书。这是一本关于太阳系综合模型的书，它最初题为"数学论文"，但今天我们称之为《天文学大成》（Almagest）。这个名字是一个阿拉伯语的前缀和希腊语的"很好"词根的组合。这一奇怪的组合告诉了我们一些这一著作的历史，这一著作在中世纪时的西方遗失，然后在 12 世纪，从阿拉伯世界重新引入。

如果我们判断一个理论依据其在受过教育的人中占主导地位的时间长度，那么简单地说，《天文学大成》包括了曾提出的最为成功的科学理论。从 2 世纪这本书写成以来直到 17 世纪，在欧洲和中东，它成为了被人们广泛接受的宇宙图景（我们今天所说的太阳系）。让我们来看看托勒密构造的宇宙，试着去了解它的后劲。

像所有希腊的宇宙论，《天文学大成》以两个基本的毫无疑问的假设开头：地球是宇宙恒定不变的中心以及天体的运动轨迹都被描述为圆形和球状。这中间的第一点我们已经在许多古代天文学中看到，可以清楚地归因于对感官的明确依赖。我们对第二点的感受不那么明显，但相关的概念——圆是最"完美"的几何图形，而天空是纯粹的和不变的，这些必然在这一事实中反映出来。圆这种"完美"的概念很容易深入我们的心中——如果你不相信，那么试着问你的朋友们最完美的形状是什么。这种想法的问题就在于真的没办法很好地定义究竟"完美"的概念是什么——怎么就能说一个几何图形是"完美的"呢？不管怎样，圆是完美的这一概念牢牢扎根于古代的思想中。

托勒密其实很少亲自做天文观测，而是依赖于几个世纪以来巴比伦和希腊天文学家取得的数据，尤其是希帕科斯的数据。正是从这种汇编出发，他才造出了模型，我们将在下面对这一模型进行说明。虽然这一系统可能显得过于复杂，但你要记住，托勒密从一个同时也在运动的星球上试图描述的行星实际上是在椭圆轨道上移动的。考虑到行星运动的现实

47　情况和托勒密未受到争议的假设,就不难明白为什么这一系统竟然如此复杂。

　　这本书有许多章节,例如,恒星的目录和星表。我最喜欢书中一个短的篇章题为"地球的情况也一样,总的来说,能明显感觉出来是球形"。在这一篇中,托勒密提出了一些观察报告来证明他的观点——船在人们视线中第一次消失是在离开陆地远航时,事实上日食发生在不同的时间和不同的地方,而且月食的时候,地球在月球上的影子是弧形的。当我在做关于这个话题的演讲时,我想补充一个现代的条目,就是我称之为"玫瑰碗证明"(Rose Bowl proof)。如果你住在美国东海岸,当加利福尼亚的玫瑰碗橄榄球赛开始的时候,你那里还是黑暗的,但阳光当时还在体育场上空照耀。如果地球是平的,太阳会在相同的时间处在同一位置,但是显然不是这样。

　　托勒密的宇宙模型的核心特征是所谓的"本轮"(epicycle)。设想本轮运作的最简单的方式就是想象一个大的玻璃球以其轴线为中心在旋转。托勒密称这一球体为"圆心轨迹"。在这个大球内部,想象有一个小球在滚来滚去,并且想象有一个行星连接在这个小球的表面。这个较小的球体就被称为"本轮"。对于站在大球的中心的观察者来说,这个行星的运动将不是一成不变的,其加快和放慢的比率取决于两个球体的旋转速度有多快。因此,即使系统中的唯一运动是完美球体的匀速转动,行星的运动也会是不规则的。

　　后来变得更糟糕。只使用本轮不足使所观察到的行星运动符合他的模型——毕竟,很多行星实际上是在椭圆形轨道上移动,其运行轨迹不是圆的组合。为了纠正这种混乱,托勒密只好解释,每一个绕远离地球的一个点旋转的圆心轨迹都"偏离轨道",如果从地球对面的称为"想象的天体运行轨道"的偏离轨道上的一个点来观察的话,该天体将呈现规则运动。因此,即使我们的地球静止不动,它也不会真的是宇宙运动的中心。

　　该系统是复杂的,但托勒密调整所有天体和本轮的大小和旋转速度,使其匹配了原有的数据。此外,虽然该系统的使用需要大量的计算,但这些计算相当直截了当。因此,天文学家可以使用这一体系来预测日食之类的事件,而不必担❤太多关于它的理论基础的问题。后来,一些阿拉伯天文学家尝试通过增加更多的本轮(天体内部的天体里面还有天体)来完善这一体系,但本身的混乱仍然是托勒密著作的一个显著标志。即使在今天,科学家在说到一个不必要的被复杂化了的理论,可能还是会指责这个同事"只是加上了本轮"。

也许最好的对托勒密的评论来自于"智者阿方索"(Alfonso the Wise,1221—1284 年),他是卡斯蒂利亚(Castile)的国王。当《天文学大成》再度从阿拉伯语翻译过来的时候,据说他当时应该说过:"如果上帝在创世之前曾咨询我,我会建议他用更简单的东西。"

48

# 第五章

## 伊斯兰科学

希腊化时期的科学在亚历山大达到古典科学的鼎盛,当时动乱的阴霾已经弥漫罗马帝国,或至少在地中海地区有了预兆。那些喜欢为历史事件指定确切日期的人认为公元 476 年 9 月 4 日是罗马帝国"灭亡"的日子。事实上,这是最后一个西罗马皇帝被日耳曼将军胁迫退位的日子,他被不合时宜地称为罗慕路斯·奥古斯都(Romulus Augustus)。

但这是值得怀疑的。在我们的教育系统中另一个神秘的分歧,人们谈论罗马帝国的"灭亡"是就意大利的事件而言,无视了以君士坦丁堡为中心的另一半的罗马帝国很少受到蛮族入侵的这一事实。事实上,讲希腊语的人都认为自己是被该城市继续统治了另一个千年的罗马人,直到最后在 1453 年被突厥人征服。此外,日耳曼部落入侵意大利,往往认为自己是罗马传统的继承人和保护者,而不是一个伟大文明的摧毁者。罗马帝国的衰落是一个缓慢的过程,历史学家们对于其衰落的众多原因中什么是最重要的仍存在争论。476 年的事件最多应被视为西地中海在一个世纪的漫长过程中标志性的崩溃。

到 7 世纪,在几个阿拉伯半岛的寂静的城镇发生的事件改变了整个人类政治(和科学)的历史图景。穆罕默德(Mohammed,570—632 年)创立了伊斯兰教,他去世后,军队横扫了阿拉伯地区,征服了大部分中东和北非。到 8 世纪末,在完成史上最惊人的持续的军事运动之一后,伊斯兰军队把他们的宗教传到了从印度到西班牙之间的区域。通过征服北非,他们切断了欧洲的传统农业供给,建立了历史学家亨利·皮雷纳(Henri Pirenne)所称的"大陆封锁"。这些征服开始了学者所谓的伊斯兰教"黄金时代",大约持续到13世纪。在另一个标志性的事件中,蒙古大军在1258年洗劫了巴格达,这往往作为黄金时代的结束。从科学发展的角度来看,这一时期的重心从东地中海盆地转向了位于中东和西班牙的伊斯兰文化中心。

50

对有关的术语作一点解释:"伊斯兰科学"和"伊斯兰学术"等术语有点误导性。在习惯上用到它们的时候,指一些发生在伊斯兰教义统治下各地的事件。不应该暗示我们将讨论的这些进步在某种意义上是伊斯兰信仰的产物,正如后面我们不能将欧洲的科学称为"基督教科学"一样。也不应该把事件理解为参与的人一定是穆斯林。许多人当然是穆斯林,但伊斯兰帝国往往对其他宗教宽容,许多学者也参与了这些进步,我们将描述的这些进步实际上包括犹太教徒、基督教徒,或许多其他信仰的信徒在这些地区的实践。

话虽如此,我们也必须注意,宗教机构在任何文化中都是重要的组成部分,所以宗教态度和学说将不可避免地在科学发展中发挥一定的作用。例如,在下一章中,我们将讨论一些学者们提出的强调个人主义的北欧新教崛起的争论,这是现代科学中很重要的发展。在本章中,我们将看到伊斯兰对自然世界的态度是如何推动医学进步的。在这方面,早期伊斯兰著作,特别是《圣训》(Hadith,有关穆罕默德言行的著作)很重要。熟语,如"安拉只要降下疾病,必降下治疗的药物",把这归因于先知,显而易见,此期间医学方面的快速发展是受到鼓励的。

对于我们而言,我们必须注意科学史上伊斯兰黄金时代的两个重要成果。一是我们已经间接提到过的,其保留了大量古代学术经典。例如托勒密的《天文学大成》早被翻译成阿拉伯文,当它被转译成拉丁文后就成为了欧洲天文学发展的一个基础性文本。许多亚里士多德的作品也是以同样的方式为人们所用。

据传说,穆斯林对古代经典感兴趣开始于名为马蒙(al-Mamum, 809—833年)的哈里发,他可能梦到亚里士多德,并与他交谈。醒来时,据说,哈里发下令收集文本并将其从希腊文翻译成阿拉伯文。无论这位哈里发是否做过这样的梦,我们确实知道,几个世纪以来这一翻译和保存的过程在继续。事实上,哈里发和拜占庭皇帝之间的和平条约中包括把君士坦丁堡图书馆的书籍复制和转移到巴格达的要求,再正常不过了。

伊斯兰学者在黄金时代推动了科学的发展,而不仅仅只是作为先前思想的保护者。正如你可能期望的,在这样一个广阔、富饶和历久不衰的帝国中,伊斯兰世界的科学家们在广泛的领域内作出了自己的贡献,从光学、解剖学到逻辑学等领域。相当权威的《吉尼斯世界纪录》(*Guinness Book of World Records*)承认摩洛哥菲斯(Fez)的卡鲁因大学(University of Al Karaoine)是世界上最古老的大学(建于 859 年),开罗的爱资哈尔大学(Al-Azhar University,建于 975 年)也随后建立。这些机构有权颁发医学文凭,在伊斯兰黄金时代得到了蓬勃发展。伊斯兰科学的一般特征是比我们之前已经涉及的科学更多地依赖实验和观察。与希腊的发展形成了一个鲜明的对比,因为希腊的重点更多地放在理性和逻辑上。

面对伊斯兰科学的浩瀚主题,我们必须作出一些选择。最后,我们将集中探讨三个领域——数学、医学和天文学,来代表更广泛的学术领域。然而,在我们进入这些主题之前,请注意一点:当你遇到一个词是以阿拉伯语的冠词"al"开头,如代数(algerbra)、运算法则(algorithm),或毕宿五(Aldebaran),那就很有可能是找到了黄金时代的产物。

还有一个关于伊斯兰科学的更普遍的观点需要提出来。我们将讨论的学者的工作都不是只局限于一个学科。用通俗的说法来看,他们是博学家。我们将只能集中讨论他们的工作中有着最持久影响力的方面,但要记住,一个现在被尊称为数学家的人可能曾在天文学、医学和哲学领域有研究,还可能是个诗人。

## 伊斯兰数学

在前面的章节中,我们追溯了数字体系的演变过程、零的发明和印度的"阿拉伯数字",以及亚历山大大帝时期欧几里得几何学的发展演变。

这些成为了伊斯兰世界向更高等数学进步的基础。

正如我们前面指出的,数学的发展明显基于实用性和商业的原因。就伊斯兰世界而言,学者还指出了其他三个不太明显的动机。一个是伊斯兰教的继承法,推动了数学中分数的发展。事实上,我们目前分数的写法是分子在分母之上,中间用一斜杠分开,就是在 12 世纪一个名为海塞尔(Al-Hassar)的专门从事继承法研究的摩洛哥数学家发明的。

第二个动机涉及历法。在第二章中我们指出大自然给我们提供了一些"时钟",天和年是最明显的。我们还指出,第三个"时钟"是月亮的周期。这三个时钟速度不同,我们讨论了巨石阵的建立是用来调和前两个的。

伊斯兰社会使用的第三个"时钟"是所谓的阴历。在他们的系统中,每个月的第一天是在傍晚的天空最早看到新月月牙的那天。由于穆斯林和犹太人的宗教节日传统都是根据阴历被制定的,那么预测新月的出现就成为天文学家和数学家的一项重要任务。顺便说一下,复活节每年在不同的日期这个事实是与犹太人庆祝逾越节联系在一起的,而逾越节是由阴历决定的。

预测新月的时间实际上是一个相当复杂的过程,即使对于有权使用《天文学大成》的熟练的数学家来说也是这样。问题是,所有的托勒密天体和本轮都被定义为(在现代语言中)与一个平面有关,行星的轨道都在这个平面上——所谓的"黄道"。另一方面,新月是根据观察者的视野来定义的,这取决于纬度,并在较小程度上还取决于天文台的海拔。协调这两个参照系的需要对伊斯兰计算技术的发展是一个强大的动力。

最后,虽然第三个动机可能看起来很平常,但实际上它涉及的问题相当困难。穆斯林都应该在祈祷时朝向麦加(Mecca),这意味着需要确定每一个帝国范围内的清真寺的位置与这一城市的朝向。这是一个球面几何中相当困难的问题,导致了穆斯林在这一领域内开展了大量的研究工作。

我们已经讨论了伊斯兰数学的一个方面——所谓的"阿拉伯数字"。正如在第三章中指出的,这是在印度开发的,被伊斯兰作者称为"印度数字"。上面提到,伊斯兰数学家们作出了一些改进,如上面提到的分数符号,并把这一体系传播到欧洲。在传播过程中,最有影响力的书名为

52

《算盘全书》(*Liber Abaci*，关于计算的书)，由比萨的意大利数学家列奥纳多(Leonardo，1170—1250年)于1202年出版，他的绰号"斐波那契"(Fibonacci)更为人熟知。

在考察阿拉伯数字的故事中，我们遇到一个在讨论伊斯兰科学时经常发生的现象。我们知道在15世纪，波斯天文学家詹姆希德·阿尔-卡西(Jamshid al-Khazi)使用了现代的小数点符号。我们也知道，这个符号早期中国数学家使用过，然后被佛兰德斯的数学家西蒙·斯蒂文(Simon Stevin，1548—1620年)介绍到欧洲，但没有任何证据表明这些人知道对方的工作。数学的法则遵循简单的逻辑，任何人都可以从事，所以我们不应该对不同的学者独立发现同样的事情而感到惊讶。当我们后面谈论大自然规律组成的称之为科学的学科时，我们将看到同样独立发现的过程。

然而，在伊斯兰数学中最重要的发展，并不是阿拉伯数字的改良细化，而是代数的发展。这一进步可以清楚地追溯到一个人身上——阿布·阿卜杜拉·穆罕默德·伊本·穆萨·花剌子密(Abu Abdallah Muhammad ibn Musa al-Khwarizmi，780—850年)以及一本题为《代数学》(*Kitab al-Jabr wa-l-Muqabala*，还原与对消计算概要)的书，此书发表于830年。我们的"代数"(algebra)一词来自"al-Jabr"的拉丁语化(从技术上讲，从12世纪翻译的名为"*Liber algebrae et almucabala*"的书而来)。我们的"运算法则"(algorithm)一词，指的是一个解决问题的过程，也是来自一个拉丁语化的花剌子密的名字。

正如经常在早期科学家身上发生的，对于花剌子密本人早期的生活，我们几乎没有什么确切的信息。他是一个波斯人，很有可能是在现代的乌兹别克斯坦地区出生的。有学者提出，他是琐罗亚斯德教的教徒，这是在波斯普遍流行的许多信仰之一，尽管他在书的序言中表明他是一个虔诚的穆斯林。

无论如何，我们知道他曾前往巴格达，在那里他加入了被称为"智慧宫"(House of Wisdom)的机构。稍作解释：762年哈里发曼苏尔(al-Mansur，714—775年)创立了现代城市巴格达，把伊斯兰帝国的首都从大马士革迁到此。沿袭被攻克的波斯帝国的传统，他创立了智慧宫作为王室资助的学术和翻译中心。起初，智慧宫集中于把波斯的作品翻译成阿拉伯文（阿拉伯语在伊斯兰帝国与拉丁语在基督教欧洲发挥着相同的作用，都作为一种通用语言被许多不同语言背景的学者共享）。后来，我们已经提到过的哈里发的儿子马蒙（809—833 年）将重点转移到希腊的作品，并引入了一些天文学家和数学家等，来从事比翻译更多的工作。

　　伊斯兰数学的基本贡献是将这一学科带进了一个新的、更正式的状态，与希腊集中于几何完全不同。要理解这一点，我给你们举一个关于"代数"中"平衡"（balancing）与"还原"（completion）的例子。我会用现代的语言和符号来做这件事，因为原始的文本是用普通的文字而不是符号写成的，所以对现今的读者来说是很难理解的。让我们以下面的方程式开始：

$$5x^2-10x+3=2x^2+1$$

"还原"的基本概念包括在类似的方程式中在等式的两边执行相同的操作。当我在教这个概念的时候，我把它称为代数的"黄金法则"：凡对等式一方所行的事，也要在另一方做同样的。既然这样，我们将首先在我们的例子中从等式的每一侧销去 $2x^2$ 来开始这一过程，得到：

$$3x^2-10x+3=1$$

"平衡"是指在方程每一侧进行相同类型操作的过程，那么，在每一侧加上 $10x-3$，得到：

$$3x^2=10x-2$$

求解一元二次方程式（即一个包括平方的方程式）的问题让数学家们纠结了上千年。巴比伦人使用在第三章中讨论的各种技术，已经能够处理这些方程式中的一些简单形式，而印度的数学家将这一工作扩大到包括了更复杂的形式。然而，花剌子密是写下完全通用的解决方案并明白这样的方程可以有两个答案的第一人（例如，方程式 $x^2-2x=0$ 的解有 x=0 和

54

x=2)。

　　几个世纪以来,伊斯兰的数学家在这些形形色色的基础知识之上创立了令人印象深刻的学术知识。他们认识到,二次方程式可以有负数根,他们探索无理数的领域,例如平方根,还发现三次方程式的通解(即包括 $x^3$ 的方程)。他们扩展了早期希腊的几何研究并发展了三角函数(正弦、余弦和正切)。我个人最喜欢的伊斯兰学者波斯的博学家欧玛尔·哈亚姆(Omar Khayyam,1048—1131 年)在他不忙着写诗歌的时候探讨了非欧几里得几何的边界(见第九章)。[如果你还没有读过爱德华·菲茨杰拉德(Edward Fitzgerald)翻译的哈亚姆《鲁拜集》(Rubaiyat),那真应该试着读一下。]最后,伊斯兰数学家开始寻找的一些路径,后来被其他学者在其他时间和地点更加深入地探讨。

## 前伊斯兰医学

　　可能没有哪个学科比医学有更多的科学分支,我们已经讨论过的每个社会都在这一领域有所进展。我们将只讨论前伊斯兰文化中三个不同文化的医学发展——埃及、希腊和中国——把它们作为例子来探讨 8 世纪以前这一领域的发展情况。

　　毫无疑问,文明古国时期的埃及产生了当时最好的医生。我们有一些文件证明埃及医学的成就很引人注目,例如,在国王和王子们给法老的信件中,要求派遣埃及医生来处理一些具体问题,如不孕。毫无疑问,木乃伊的制作涉及从尸体中摘除内部器官,这使得埃及的医生了解到一些人体解剖学的知识。

　　正如我们所知的古埃及数学,我们关于埃及医学最多的了解来自于现存的一份纸莎草纸。它被称为“埃德温·史密斯草纸”,埃德温·史密斯(Edwin Smith)在 1862 年购买了这一文本,其女在 1906 年将文本捐赠给纽约历史学会,这是已知最古老的外科手术方面的文本。这一草纸写于公元前 16 世纪,但它是基于至少一千年前的材料的基础上的。有人建议,最初的文本是由传说中的伊姆霍太普(Imhotep,约公元前 2600 年)书写,

55

他是法老的建筑师和医学的创始人。

该纸莎草纸基本上是一组治疗外伤的指令——相当于今天急诊室的医生可能会阅读的文本。里面包含了说明了处理方法的 48 个医案。例如，第 6 个案例如下所示：

> 案例 6：本案例涉及头部伤口的处理方法，穿透骨头，劈开头盖骨，（以及）打开大脑。
>
> 检查：如果为一个头上有伤口的人做检查，穿透骨头，劈开头盖骨，（以及）打开大脑，然后应当触诊他的伤口。如果发现在他的头骨中的粉碎[像]形成熔铜状的波纹，（和）其中一些在你的指尖搏动（和）快速跳动，像婴儿的头部没发育完全的柔弱部分——（和）从他鼻孔流出鼻血，（而且）他的脖子开始变生硬……
>
> 诊断：[关于他你应该说]"这是个不治之症。"
>
> 治疗：应该在伤口上涂油脂。不要包扎；不允许在其上面使用双夹板：直到你知道他已经到了一个决定性时刻。

当然，不是所有的情况都是这种令人绝望的。在很多情况下，医师应该说："我能治这个病"，然后说明如何进行治疗。事实上，我们在这份古老的文本上看到的是类似现代的治疗类选法，医生根据这些在紧急情况下决定对哪些患者采取优先治疗，并采取相应的行动。

在伊姆霍太普时代的 2 000 年之后，希腊出现了一名男子，他被人们称为"医学之父"。我当然指的是出生在爱琴海西部的科斯（Kos）的希波克拉底（Hippocrates，公元前 460—前 370 年），就在现代土耳其的外海，他创办了培训医生的学校，对医学有巨大的影响。也许现今他最为人所知的是"希波克拉底誓言"（Hippocratic Oath），这基本上是一份医生的行为守则，它仍然约束着每个医疗学校毕业的新职业人员。

希波克拉底的传统与我们联系最为紧密的主要进步是疾病的自然原因这一概念：它们不是神随心所欲的结果。这起到了把医学从宗教中分离的效果。事实上，希波克拉底告诉我们，人体包含四种"体液"——血液（blood）、黑胆汁（black bile）、黏液（phlegm）和黄胆汁（yellow bile）——并且疾病是这些体液失去平衡的结果。这一概念在医学界存在了超过 1 500 年,而且仍存在于我们的语言中,我们形容人的"暴躁的"(bilious)、"乐观的"(sanguine)或"冷漠的"(phlegmatic)这些形容词都与之有关。

希波克拉底治疗方案的主要策略是我们现在所说的"观察等待"(watchful waiting)。他说,人体有巨大的恢复能力,而医生的任务是促进这些能力起作用。在希波克拉底的医学中,"转变期"(crisis)的概念——身体开始改善或走向死亡的转折点——发挥了重要作用。他的学校教义被收集合订成一个系列文本(很可能是由他的学生写的),被称为《希波克拉底文集》(*Hippocratic Corpus*)。这些文本成为后来的伊斯兰和欧洲的医生的主要参考资料。

很显然,像希波克拉底一样的希腊医生得益于他们的埃及前辈已创造的知识。在中国,情况是完全不同的。它是一个独立发展的医学派别,既不受地中海盆地的医生影响,也不影响对方。与埃及人的情况一样,我们所知道的早期中医主要由于一份现存的古老手稿。这一手稿被称为《黄帝内经》(*The Inner Canon of the Yellow Emperor*)。

解释一个词:黄帝在神话中是中国人(汉族)的祖先。他实际上可能是中国黄河流域一个部落的首领(在西方类似的可能是英国的亚瑟王,他可能是一个凯尔特人的部落首领)。许多发明——无疑是其他人创造的——都被归功于黄帝,这本关于医学的书也属于这种情况。就像埃德温·史密斯纸莎草纸是一份早期文献的抄本——至于《黄帝内经》,最早的版本可能写于公元前 3000 年,现存的手稿是写于公元前 500—前 200 年的。

如同希波克拉底和他的追随者,中医理论家想象人的身体由少量的元素组成。中国的宇宙万物以及人类的身体都由这些元素组成,它们是木、火、土、金和水。人体中不同的器官与不同的元素相联系——例如,肝脏、胆囊是与木相联系的。生命的能量称为"气"(在中国发音为"chee",在韩国为"kee"),它通过意义明确的脉络流经身体各部分。在这个意义上,疾病是由身体的组成部分失衡引起的,医生通过给病人做检查然后确定是哪种不平衡以及如何恢复平衡来履行自己的职责。

正如你可能期望的那样,这门传统医学流传了上千年,有大量文献涉及这些一般原则的应用。一个例子是所谓的"八纲",用一套辨证的相对体质来帮助医生进行诊断(体质为热/寒、虚/实、里/表以及阴/阳)。许多做法与我们今天的中医还有联系,例如,针灸,或广泛使用的中草药治疗,这些一开始都属于这个传统的一部分。

## 伊斯兰医学

上面概述过伊斯兰黄金时代的医学是从希腊和埃及的传统中生发出来的,被征服的波斯帝国的文本也起了很重要的作用。总的来说,科学方面,伊斯兰医生在许多领域作了调查,在几个世纪中取得了许多进展。从持久的影响来看,我要指出其中三大主要创新。

### (一)现代意义上的医院首次亮相

总要有个地方供人们就医,但在埃及和希腊这样的地方往往是进行宗教崇拜的。例如,尼罗河上的康翁波(Kom Ombo)神殿是古埃及治疗不孕症的"梅奥诊所"(Mayo Clinic)的所在地。在主要的伊斯兰城市发现了大型的机构用于治疗病人,其配备了受过专业教育和具备道德规范的医生,但没有祭司。学者们认为,在欧洲(巴黎)成立第一所医院的负责人是在"十字军东征"的时候第一次见到伊斯兰医院的。

### (二)伊斯兰医生创立传染性疾病医学分支

我们上面所提到的,伊斯兰医学的基本理论源自希腊思想,包括与希波克拉底相联系的体液的概念。在希腊的传统中,疾病由于体液的失衡——换句话说,是身体内部的问题。伊斯兰世界的医生们对我们今天所谓的流行病学进行了广泛的研究,他们确立了一个事实,在某些情况下,疾病可能会从一个人传播到另一个人——这一疾病的原因可能来自身体外部。我们可以在这里发现疾病的微生物理论的早期前驱,微生物理论是路易斯·巴斯德(Louis Pasteur)在19世纪严谨地创立的(见第八章),是大部分现代医学的根据。

### （三）外科技艺纯熟的伊斯兰医生

在没有抗生素和麻醉剂的情况下，外科手术常常是一项棘手的业务，但伊斯兰外科医生开发了许多高水平的技术。例如，他们经常切除白内障，甚至开发了如清除膀胱结石这样更具有创伤性的相当成功的手术。

伊斯兰黄金时代医学蓬勃发展的原因很多。当然，原因之一是帝国的巨大财富使宫廷可以相互竞争，为最著名的学者们提供住所。事实上，到现代伊斯坦布尔（Istanbul）的游客参观 15、16 世纪的统治者的坟冢时常常会感到惊讶，在曾取胜战役名单一侧的列表上，刻有该统治者供养在宫廷的著名学者、诗人和医生的名单。这些事情在伊斯兰世界中是重要的。

其兴盛的另一个原因，上文已经提到，那就是早期的伊斯兰著作。这些著作保证了在医疗进步的征途中不会有教义方面的路障。这是特别重要的，因为它允许伊斯兰医生进行尸体解剖，这一过程在希腊和中世纪的欧洲社会都是被禁止的。我们将讨论两位最重要的伊斯兰医生的生活和工作，他们是穆罕默德·伊本·扎卡利亚·拉齐（Muhammad ibn Zakariya al-Razi，865—925 年），在西方被称为"拉茨"（Rhazes），与阿布·阿里·侯赛因·伊本·阿卜杜拉·伊本·西拿（Abu Ali al-Husayn ibn Abd Allah ibn Sina，980—1037 年），西方称之为"阿维森纳"（Avicenna）。

拉茨是波斯人，出生在德黑兰附近的一个小镇。他有一个不寻常的职业生涯，一开始他很可能是一位职业的音乐家（鲁特琴演奏家，有一则资料证明这一说法），然后开始学习炼金术。他由于接触化学品得了眼疾，寻找治疗眼病方法的契机把他带进了医学领域。他在伊斯兰世界家喻户晓，并最终成为巴格达医院的首席医师。他为医院选址的方法表明了经验主义，数据驱动着伊斯兰科学的所有方面。根据传说，他走访了城市中各个可选的地点，在每一个位置挂一块新鲜的肉。然后他为他的医院选择了肉腐败最慢的那个位置。他在传染性疾病的研究上是一位先驱，在他的医院里，他首先区分了天花和麻疹，并详细地记录描述了今天我们所称的花粉热，这一迷人的章节标题为《为何艾布·栽德·巴尔希闻到春天的玫瑰会患上鼻炎》（*Article on the Reason Why Abu Zayd Balkhi Suffers from Rhinitis When Smelling Roses in Spring*）。他也被认为是分离乙醇的第一人，你可以把这看作外用酒精的发明。对于"酒精"（alcohol）一词的词源其实是有一些争议的。前缀"al"当然告诉我们这是一个阿拉伯语单词。在一些字典中指出这个词是来自"al-kuhul"，这里的"kuhul"是我们称之作"眼影粉"（kohl）一词的实际含义，也就是古代用来当作眼线笔的。理论上，眼影粉是通过加热封闭容器中的矿物得到的，这个词延伸为指通过蒸馏取得的物质。然而现代学者指出，《古兰经》中用的词是"al-ghawl"，指精神或恶魔（联想英文单词"ghoul"）。这里的理论是，这个词指葡萄酒中使人产生醉意的成分。中世纪的译者一定会很容易理解这两个相似词之间的混淆（al-kuhul 和 al-ghawl）。

59

阿维森纳也是波斯人，出生地现在是乌兹别克斯坦的一个省。当时的记载认为他是一个奇才，10 岁能背诵《古兰经》，18 岁成为一名执业医师。据说他从他的一个印度蔬菜水果商邻居那里学会了阿拉伯数字。他的成年生活是复杂的——他被当地的各种战争和王朝斗争弄得颠沛流离。有趣的是，今天人们会记得这些战争的唯一原因是因为战争使阿维森纳从一个王朝迁移到了另一个王朝。

总之，他最终定居在伊斯法罕（Isfahan），在现今的伊朗，终年 56 岁。毫无疑问，他对科学的最大贡献是《医典》（*The Canons of Medicine*），这是迄今为止最有影响力的医学教科书之一。为了感受这本书的长久影响，我们可以看到，在 17 世纪的欧洲大学它仍然被沿用——这是在它成书后的 500 多年以后的事了。这是一部融合了理论和实践的大部头医学知识纲要，共 14 卷，所以不难理解当它 1472 年被翻译成拉丁文时对中世纪欧洲的影响之大。很难知道从哪里开始描述这样的大部头著作。阿维森纳的医学理论研究的基础是希波克拉底的四种体液的概念。在此基础上加入四种"性情"（冷 / 热，潮湿 / 干燥）的分类，补全了患者的综合分类方案。《医典》中的解剖学描述和治疗涵盖了医学的许多领域。例如，在传染病领域，即使继希腊人之后，他也发现受污染的空气是传染的媒介，但他还是认为结核病是由人传染给人的。他第一个建议检疫控制疾病传播的方式。建立在解剖的基础之上，他还确认了某些癌症的肿瘤。与许多古老的传统相反，他意识到脉搏与心脏和动脉相关，并不会从身体的一个器官到其他器官发生变化。阿维森纳引进了为病人把脉的技术，我们在就医时仍然会有这种体验。他也是详细描述人眼解剖细节和神经系统疾病（癫痫和精神疾病，如痴呆症）的第一人。有一个故事称，他的病人中有一位波斯王子，以为自己是一头牛，所以拒绝吃东西。据说阿维森纳假扮成一名屠夫，告诉王子，如果他不被养肥就不会被宰。后来王子就开始吃东西了，于是故事的结果是他完全康复了。阿维森纳也对今天我们所谓的受控医学实验作了很多研究。毫无疑问，在他的逻辑和神学训练的帮助下，他制定了一套用于测试新药物的规则，这些规则对现代医学从业者有很大的意义。例如，他强调被测试的药物不应该被污染（他会说"没有偶然性"），而且（再次用现代语言）必须收集足够大的数据样本以统计重要的成果（他会再次警告以防出现一个"意外的效果"）。

最后，《医典》包含了很多今天你会在健康杂志上发现的建议。他提倡有规律的运动和适当饮食的重要性，例如，规定我们在剧烈运动前要进行拉伸运动。（一个有趣的花絮：其剧烈活动的名单里包括了"骑骆驼"。你肯定会想知道这在中世纪的欧洲是如何解读的。）

我可以继续说下去，但我想这应该已经比较好地向读者展示了为什么《医典》对后世医学的发展起到了重要的作用。

## 伊斯兰天文学

我们已经看到，在数学和医学中，伊斯兰黄金时代的文化在科学的发展中起到了两个重要的作用。首先，它们保留了古代经典作品，使它们可以为后来的学者所利用；其次，它们作出了自己的重要贡献。我个人的感觉，在这两个领域的重要性中，第二个比第一个更有价值。然而，当我们转向天文学，情况有所不同。基于上述原因，观测天空对于伊斯兰历法的建立有重要作用，这也就鼓励了天文学的发展。像巴比伦人和希腊人一样，伊斯兰的天文学家们编制了大量的观测数据。然而，他们并没有产生很多的天文学理论,他们在很大程度上把他们的研究限制在阐述和评论克劳狄斯·托勒密(参见第三章)的成果上。因此在这种情况下,伊斯兰世界对科学进步的主要贡献可能是在事实上把希腊的科学传播到文艺复兴时期的欧洲。

鉴于伊斯兰世界学者的博学传统,我们已经谈到的许多人在除了我们描述过的研究之外也对天文学作出了贡献。例如,我们的老朋友花剌子密在公元 830 年发表了大量关于行星位置的星表。阿维森纳声称在 1032 年观察到了金星凌日(虽然这种说法在一些现代学者看来是有争议的),他对《天文学大成》发表的一篇评论认为,恒星是发光的,它们的闪耀并不是来自反射太阳的光。

虽然在伊斯兰世界中有许多天文观测站,但观测往往局限于制作历法和进行占星术这样的需要。这种观测天象的限制最明显的例子是 1054 年的超新星(这一新星产生了蟹状星云)在伊斯兰文献中没有任何记录。天文学家一定看到了超新星——中国的天文学家已确定看到了——但我们只能得出结论,他们认为其重要性不足以载入史册。

托勒密发表了记录约 1 000 个恒星的星表,而伊斯兰的恒星星表没有在此基础上有所增加,虽然他们对托勒密的亮度测定(就是我们所说的星等)方面有所改进。托勒密星表的第一个主要的修订本是由波斯天文学家阿卜杜勒·拉赫曼·苏菲('Abd al-Rahman al-Sufi,903—986 年)修订的,964 年他出版了《恒星之书》(*Book of Fixed Stars*)。在这个重要的文本中,恒星有了阿拉伯语名字,很多是从托勒密的希腊文原文翻译过来的,通常认为一些星星的名称,如牛郎星(Altair)、毕宿五(Aldebaran)、参宿七(Rigel),这些名字是通过苏菲的星表进入西方的。然而,哈佛大学历史学家欧文·金格里奇(Owen Gingerich)认为这些名字进入西方天文学实际上是通过翻译一本被称为"星盘的仪器的使用手册"的阿拉伯文书。这是一个有趣的历史遗留问题,但无论传播模式是怎样的,这些名称流传至今。

伊斯兰天文学家们在完善和扩展托勒密的研究方面作出了巨大的努力,有一些特殊的天文学问题显现出重要性。托勒密已经调整了他的复杂的轮中之轮系统,使其可对当时自己能用到的数据进行很好的解释。鉴于

61

他可以任意处置可调参数，那么他能够这样做就不足为奇。不过，黄金时代天文学家的出现几乎是一千年后了，系统开始显示出它的老旧，而事情也开始变得有点紊乱。然后，伊斯兰天文学家的一项重要任务就是重新校正托勒密的参数，以使该系统更好地工作，他们的这项工作完成得非常好。

一些在西班牙的伊斯兰世界工作的主要哲学家提出一个更基本类型的反对意见，他们中包括了犹太学者迈蒙尼德（Maimonides, 1135—1204年）和伊斯兰哲学家阿布·I-瓦利德·穆罕默德·本·艾哈迈德·鲁西德（Abu 'I-Walid Muhammad bin Ahmad Rushd），被西方称为"阿威罗伊"（Averroes, 1126—1198年）。这一问题是关于我们已经提到的托勒密系统中的一个混乱之处，事实上，虽然地球位于宇宙的中心，水晶球并没有均匀地围绕在地球周围，而是围绕在地球周围的远点，这一点被称为"想象中的天体运行轨道"。用一个也许是过于简单化的总结，我们可以说这些哲学家认为如果地球是宇宙的中心，它也应该是天体的中心。他们敦促他们的学生尝试找到一种方法来解决这个问题。当然，他们不能——他们有太多不利的事实——但他们中有人作了很好的尝试。

事实上，在 1025—1028 年之间的某个时候，波斯学者阿布·阿里·艾尔-哈桑·伊本·艾尔-海什木（Abu 'Ali al-Hazan ibn al-Haytham，被西方称为海桑）出版了一本名为《有关托勒密的疑问》（*Doubts Concerning Ptolemy*）的书，给了我们很好的启示。在他看来，想象中的天体运行轨道是相当不自然的。下面是他如何在书中叙述他在这一点上的看法：

> 托勒密假定的排列不可能存在，事实上，他想象中的对行星运动的这种安排不能掩饰他假定排列的错误，因为他的排列是不存在的，那么现有的行星的运动就不会是这一安排的结果……

波斯博学家纳西尔·丁·图西（Nasir al-Din al-Tusi, 1201—1274 年）出生在伊朗北部，并在 1259 年监督一座位于现在的阿塞拜疆的天文台和天文中心的建设。他开发了一个托勒密体系的扩展模型，其实就是引入了额外的本轮来摆脱"想象的天体运行轨道"问题（他用的设备被称为"图西力偶"）。图西是最后一位伟大的伊斯兰天文学家，他的追随者用他的体系把托勒密的模型发展为其能达到的最好状态。

## 黄金时代的结束

伴随着西方"十字军"的东征，以及后来的蒙古人和突厥人从东边而来的入侵，伊斯兰文明与科学的迅速衰落。这一衰落如此急速的原因仍然是一个史学家们争论的主题。入侵随后是几个世纪的在伊斯兰不同地区的小型内乱，由此产生的经济和社会混乱无疑成为衰落的重要因素。但最后，我们不得不同意历史学家乔治·萨顿（George Sarton）在 1950 年标题为《西方文化在中东的孵化》（*The Incubation of Western Culture in the Middle East*）的一份报告，他说：

> 9—12 世纪之间，讲阿拉伯语人民的成就是如此之大，超乎我们的理解。阿拉伯世界伊斯兰教在速度和完整性上的衰落几乎与其惊人的崛起一样令人费解。学者们将不断地试图解释它，就像他们试图解释罗马帝国的颓废和灭亡一样。这些问题是极其复杂的，不可能用简单的方法来回答。

## 传播到西方

就如上面暗示过的，伊斯兰学术的黄金时代在 13 世纪走到尽头，但在此之前很多我们一直在讨论的著作已经被翻译成拉丁文。这一传播的中心是现代的西班牙，这里是伊斯兰教和基督教国家共享一个长距离的（和变动的）边境的地方。在 12 世纪开始的时候，托莱多（Toledo）成为把作品从希腊文和阿拉伯文翻译过来的中心地点，引发了被一些学者称为"12 世纪文艺复兴时期"。当时，这个镇刚刚被卡斯蒂利亚国王占领，但仍作为一个多元文化的中心。换句话说，它是发生知识交流的理想场所。

翻译工作中的一个重要人物名叫克雷莫纳的热拉尔（Gerard of Cremona，1114—1187 年）。他出生在意大利，旅行到托莱多，学会了阿拉伯语，并翻译了后来使用最广泛的和有影响力的《天文学大成》。他翻译

63

的许多其他作品，包括了上面提到过的花剌子密的《代数学》和一些拉茨的医学作品。因此，正如伊斯兰学者工作的地方，如智慧宫，保存了古典著作，基督教学者在某些地方，如托莱多，保存了伊斯兰黄金时代的文献，并把它们带到欧洲，下一章将论述在欧洲发生的科学进展。

# 第六章
# 现代科学的诞生

到目前为止我们已经追溯了多种门类的科学方法在不同文明中的发展。我们可以把这一发展看作一湾溪流,它流经地中海周围的国家,并转向伊斯兰黄金时代的中东地区,同时在中国和美洲的大部分无交集的科学中心有溪流与之并行流淌。在这一章中,我们将追溯这股溪流流到北欧的一个新地点,这是迄今为止我们在很大程度上忽视掉的。我将会证明从15—17世纪,科学方法以现代的形式在欧洲全面发展,这时,英国科学家艾萨克·牛顿成为了"第一位现代科学家"的绝佳人选。

大家会记得,我们在第一章中概述了科学方法包含了永无休止的循环观察、理论和预测。在15—17世纪之间,一批欧洲学者首次全方位地践行了这些方法。当然,这一进展的基础就是我们已经描述的那些事件所奠定的。这一新进展的关键点是越来越认识到理论模型是现实世界中的范本,而不只是一种智力训练。这意味着,理论和观测之间的差异开始被更加认真地对待。我们在第五章中所看到的,像迈蒙尼德等学者坚持认为行星绕圈运动的时代结束,一个实证调查的新时代已经开始。

在这一发展之后的欧洲,科学事业所固有的国际性质昭示我们将从探究新理念传播到欧洲周边,从东边的俄罗斯到西边的北美殖民地这一过程,来回溯全球新科学的开始。在这一讨论中,我们将集中于物理学和天文学的发展,但我们应该牢记,许多其他领域也在进步。

这些科学的发展最易懂的方式莫过于通过讲述一些相关个人生活的

故事了。接下来我们将关注下列人物：

> 尼古拉·哥白尼（波兰）
>
> 伽利略·伽利雷（意大利）
>
> 第谷·布拉赫（丹麦）和约翰尼斯·开普勒（德国）
>
> 艾萨克·牛顿（英国）

## 尼古拉·哥白尼（1473—1543年）

尼古拉·哥白尼出生在一个显赫波兰家族——他的叔叔是一位在政府和教士界有着广泛关系网的主教。他很早就在教会开始了职业生涯，年轻的哥白尼被送到意大利博罗洛尼亚大学学习，在那里他得到了神学和医学两个学位。在他回到波兰后，他最终被任命为弗龙堡（Fromborg）一座教堂的神父。

稍作解释：在中世纪时期，富裕和有权势的人往往会在过世时把他们的财产赠给天主教教会，因此，教堂就积累了各类的财产——土地、农场、建筑等——大教堂的神父基本上就成为这些产业的商业经理。我们知道，哥白尼接受了波兰货币改革的委任，而且一些学者认为他实际上早在格雷欣之前就发现了"格雷欣法则"（Gresham's Law，劣币驱逐良币）。他还经营着一所他所在大教堂的医疗诊所，并因此可能导致了军队与条顿骑士团的各种小冲突。因此，哥白尼在很大程度上是一个在他的家乡担任重要职务的人，可能类似于一个大城市的市长或者现代美国的小州州长。

欧洲中世纪后期，杰出的男性把治学作为一种或多或少的业余爱好成为一种惯例。比如，把晦涩的希腊诗歌翻译成拉丁文是颇受欢迎的。我们永远不会知道哥白尼选择天文学的原因。虽然他在教堂一个院子的角落里建了一座小型的天文台，但他的主要兴趣不在于新的观测结果。相反，他给自己定下的任务是回答一个简单的问题：是不是有可能建立一个以托勒密的太阳中心论为基础的，以太阳为中心的太阳系模型，而不是以地球为中心？另外，我们也没法理解他为什么会有这样的想法，因此，这一问题将继续作为令人神往的但无法解决的历史奥秘之一。

几十年来,他一直从事他的建模工作,并与欧洲天文学家同行分享他的想法。最终,他的朋友们说服他把自己的理论转为著作,这就是巨著《天球运行论》(*De Revolutionibus Orbium Coelestium*)的由来。他的手稿被一位同事带到德国并在那印刷出版,根据某些故事的版本,实际上他是在临终前才得到了书的印刷本。无论哥白尼是否真的看到他著作的最终版本,在 1500 年,托勒密第一次有了一个严肃的科学竞争对手。

当我们讨论《天球运行论》的时候,需要牢记一件事。哥白尼没有留下任何像我们今日太阳系的现代图片一类的东西。他是一个继往开来的人物——一只脚踏在未来,而另一只脚深深根植于中世纪。他愿意去挑战一个被认为毋庸置疑的古代天文学的伟大设想——地心说——但不愿挑战其他设想,如圆周运动的想法(见第四章)。因此,当我们看着哥白尼的太阳系学说,我们没有看到任何像我们现在的东西。的确,我们有以太阳为中心论,但是当我们寻找行星时,我们看到我们的老朋友"本轮"和"想象中的天体运行轨道"(托勒密天文体系中的)又回来了。最后,尽管他的说法与此相反,哥白尼体系并不明显比托勒密的体系更为简单——它只是不同而已。

在讨论《天球运行论》时一个经常出现的问题涉及了这样一个事实,那就是这本书出版时并没有遭到任何天主教当局的干扰。事实上,甚至在梵蒂冈都举行过与此书相关的研讨会。相较于接下来要讨论的伽利略在其著作的普及时遭到的更严厉反对,此时的反响不够大似乎令人费解。

形成这种差异的一个重要原因是哥白尼与他同时代的其他学者一样是用拉丁语写作的,这就把他的读者限定在了受过教育的精英之中。此外,哥白尼不像伽利略,他是一个精明的教会政治家,知道如何做事而不引起波澜。在他书的导言中,哥白尼没有写虽然自己和许多人从来没有真正见过但一定会认可的事物,他只是让读者考虑一个作为数学练习的日心模型,而不一定是现实世界中的表现。不管哥白尼是否真的认为这么写《天球运行论》意味着什么,但这样做确实达到了使这一著述减少对当权者威胁的效果。

从哥白尼那时起，我们开始了远离无条件地接受古代世界科学的第一步，在这种情况下，与托勒密的宇宙已经有了一步之遥。但是，这一著作着有比这更深刻的意义。实际上，哥白尼用放弃地球是宇宙中心这一观念动摇了人类是万物中心这一思想。当我们回头来看他，我们不再费心计算本轮或着眼于他构建的宇宙的细节。取而代之，我们看到了一个为我们开创道路的人，这一道路最终导致我们目前对人类的认识，人类只是一个居住在行星上的物种，而行星环绕在恒星周围，恒星又是一个普通星系的低端组成部分，而宇宙由无数个这样的星系组成。事实上，今天的科学家经常说所谓的"哥白尼原则"（Copernican Principle），认为地球或生活在地球上的我们没有什么特别——我们都是一个难以想象的大宇宙的普通组成部分。这是从一个大忙人的爱好中获取的深刻结论！

## 第谷·布拉赫（1546—1601年）和约翰尼斯·开普勒（1571—1630年）

像哥白尼一样，第谷·布拉赫也出生在一个特权家庭，一个丹麦的贵族家庭。他出生后不久就开始了他的冒险人生。他是一对双胞胎之一，他的父亲答应过其叔叔可以养育其中的一个男孩。出生后不久，第谷的弟弟就去世了，他叔叔在其两岁左右的时候带走了他，显然他叔叔觉得这是他按约定应得的。

据他后来的写作，年轻的第谷因为一次日食对天文学着了迷。这并不是因为日食本身有多么壮观，而是有人已经能够预测它什么时候会发生的事实吸引了他。尽管他的家人反对，但他在学生时代已经开始从事天文学研究。就在那些年里，发生了一件不寻常的事。他在与一个同学决斗中失去了鼻尖，据某一资料的说法，争端原由是谁是更好的数学家。他的余生都戴着一个金属制成的假鼻子。

1572 年，在天空中发生了一个比较特殊的事件；仙后座出现了一颗之前从没见过的新星。这类事件在托勒密体系中是不可能的，因为天空被认为是永恒和不变的。传统的天文学家只是认为新的明星（我们今天称其为超新星)在被允许的变化范围之内比月亮更近。第谷意识到,如果超新星那么近的话,它会出现像月亮那样的在恒星背景下的运动。当他的高度精确的测量结果表明这并没有发生,第谷就立即成为了欧洲领先的天文学家之一了。

丹麦国王很高兴,由于他的臣民已经达到了这样的高度和受到这样的赞誉,他给了第谷一个在丹麦和瑞典之间的松德海峡的岛屿以及资金来建一座重要的天文观测台。第谷在后来的 20 多年在这个被称为"天宫"(Uraniborg)的地方工作,他收集了有史以来最好的天体运动数据。

第谷生活在望远镜发明之前的时代,他是最后的伟大的用肉眼观察的天文学家。在那些日子里,天文学家用沿枪管瞄准这样的类似技术测量了恒星和行星的位置。什么使第谷的测量如此不同寻常,那就是他是第一个认真思考他的仪器怎样导致了测量误差的天文学家。例如,夜间观察时,随着气温的下降,他的仪器的各部分通常在不同的比率上开始收缩。第谷认真地对待这些影响,并制定出纠正读数的方法。多年来,如上所述,他收集到了有史以来最好的天体运动数据。

第谷在他的职业生涯行将结束时,与丹麦的新国王有一些严重的分歧,结果把他的业务移到了布拉格。在那里,他雇了年轻的德国数学教师约翰尼斯·开普勒来协助分析数据。以现代的标准来看,开普勒是一个神秘主义者。他似乎已经深信宇宙是一件艺术品。这个信念使他第一次尝试把天体看作几何的艺术,将天体运行轨道纳入相应的几何模式。这种方法没有奏效;轨道不是那么简单的。此后,他做的工作主要是转变想法认为宇宙是一种音乐的艺术,而且确实用艺术手法写了在这一主题中的天体,其中有的天体唱女高音,有的唱男高音,等等。然而,在这两种想象力之间,他勉强接受了第谷测量的纲要并摸索出轨道实际上是什么。我想,你可以认为这是把宇宙视为一种知识的艺术。

由于有了第谷的大规模数据库,开普勒就能够提出一个简单的问题:行星轨道的实际形状是什么?在此之前,大家都只是假设轨道是圆形的,并增加本轮使他们的假设与数据相匹配。开普勒本质上放弃了圆周运动这一假设,而是让数据说话,来告诉他轨道的形状是否为圆形。出乎他(和每个人的）的意料之外，结果原来是椭圆形。最后，他激动地阐述了三条描述太阳系的定律——现在被称为"行星运动的开普勒三定律"。简言之就是：

> 行星沿椭圆形轨道运动；
>
> 行星离太阳近的时候比离太阳远的时候运动更快；
>
> 行星轨道离太阳越远，运动越慢。

我们没有时间来详细讨论这些定律，重点是，由于开普勒的工作，我们终于得以摆脱希腊人的假设。虽然在这些想法被完全接受之前还需要一段时间，但在哥白尼和开普勒之间，我们获得了一些看起来像我们当前认识的太阳系的视图。说到这一点，我们需要注意，开普勒定律是纯粹的经验主义。我们知道行星在做什么，但我们不知道它们为什么这样做。所以下一步，我们将转向讨论两个杰出的伟人的工作——伽利略和牛顿。

## 伽利略·伽利雷（1564—1642年）

69　　伽利略出生在意大利的比萨，当时是佛罗伦萨公国的一部分。他研究数学，并于 1592 年成为比萨大学的数学教授，在那里之后的 18 年中，他做了他最重要的工作。他在历史上有着特殊地位，因为从科学发展的角度来看，他因错误的原因而著名。大多数人联想到伽利略是因为他由于异端的嫌疑而在晚年遭到审判。我们将会在下文中提到这一审判，但在这之前，我们将着眼于由他推动的两大科学进步，这些进步使他赢得了"实验科学之父"的称号。这两项进步分别为：（1）关于物体运动的现代观念的起源；（2）对天空的第一次望远镜观测。让我们按顺序来讨论这些。

如果我问你，一辆汽车正以每小时 40 英里的速度行驶，1 小时后汽车将在多远之外？人人都会轻而易举地回答："40 英里以外。"处理这种类型的匀速运动很简单，这个问题在我们已经讨论过的任何古代数学家那里都能被很容易地解决。然而，情况有变化，如果我们让汽车加速（思考这个问题最简单的方式是设想一个车速表的刻度盘——匀速运动，则刻度盘不变,加速运动则刻度盘变化)。

加速运动的问题曾困扰数学家数个世纪之久,并已制定了一些近似的计算方案,但伽利略是第一个了解其基本原则的人。他知道物体坠落在接近地面时速度加快,他用这方面的知识设立了一个巧妙的实验。他将大金属球滚下斜面,其上放置一连串拉紧的弦。当球滚落穿过弦时将有一系列的砰砰声。伽利略可以调整弦的位置,直到时间间隔成为相同的(人耳在判断相等的时间间隔时很灵敏)。在这些实验中,他得出结论,球的质量无关紧要——重的球与轻的球以同样的速度下落——球下落时的速度直线上升,例如,球在下落 2 秒后的速度是下落 1 秒后的两倍。由此看来,他能够表明,一个抛射体向上抛出的路径是一条抛物线。于是伽利略发现了加速运动的基本规律。

重要的是要认识到这些结果完全推翻了已被数代人尊为知识的中流砥柱的亚里士多德的科学。例如,亚里士多德曾教导说较重的物体下落速度比轻的快。另外,同样重要的是要认识到伽利略从来没有解决自然运动和暴力运动的亚里士多德问题(见第四章)。他说,在本质上,他能告诉你一个抛射体在哪里以及在其轨道上的任何一点如何快速运动,自然运动和暴力运动的问题却从来没有进入这一画面。亚里士多德的分类,换句话说,只是不适合描述抛物运动。

顺便说一下,没有证据表明他在比萨斜塔做过落体试验来证明自己的观点。如果他这样做,空气阻力的影响会使较重的物体在较轻的物体之前落到地面。

他在运动方面的研究为他赢得了很高的声望,而真正使他享誉国际的是,他把望远镜用于天文观测。他没有发明望远镜,但他在早期仪器描述的基础上制造了一个改进的模型。1609 年底和 1610 年初,他是第一个把望远镜对准天空的人。他的发现是惊人的。他看到月球上的山、太阳黑子和木星的四个最大的卫星以及其他东西。所有这些现象与当时流行的托勒密宇宙视图有直接的冲突。

在托勒密的体系里,远离地球的天体被认为是纯粹的和不变的,但这里出现了山、太阳黑子这样一些被认为不存在的"缺陷"证据。但真正与托勒密体系冲突的确凿证据是木星的卫星。古代哲学的基本前提是地球是宇宙的中心，一切都围绕它旋转。然而，这里表明有四个对象，显然自如地围绕一个中心在轨道运行，而这一中心不是地球。伽利略把这些卫星命名为"美第奇行星"（Medicean Stars），以此向托斯卡纳大公致敬，并被公爵的朝廷授予了终身荣誉地位的奖励。

1610年伽利略出版了《星际使者》（*The Starry Messenger*），展示了他的研究结果，这是教会与他之间麻烦的开始。他用意大利语写作，这使得他的著述适用于读不懂拉丁文的读者。他对哥白尼体系的拥护引起了反响，1616年，虽然他被允许把它当作数学练习来研究，但他有可能被警告不要再"支持或保卫"哥白尼体系（究竟在1616年发生过什么的历史证据是含糊不清的）。1632年，他出版了《关于两大世界体系的对话》（*Dialogue Concerning the Two Chief World Systems*），指出了不正确的理论潮流，从而证明了哥白尼体系的科学性。他还把他曾经的教皇朋友的论点用一个词总结为"辛普利西奥"（Simplicio，大致翻译为"傻瓜"）——难怪他的许多敌人能轻易地在短时间内说服教会对他提起诉讼。这已成为一个标志性历史时刻，他因涉嫌异端而遭到审判，并允许用放弃他的观点的方式来清除他的罪名。他被软禁在佛罗伦萨附近的别墅家中度过余生，但继续他的实验工作。

## 艾萨克·牛顿（1642—1727年）

对于艾萨克·牛顿家庭的社会地位进行描述有一定困难。他们拥有一个农场，并自己承担一部分工作，但同时也有佃农。可以视其相当于美国现代中西部的家庭农场与农业产业经营之间。不管怎样，牛顿在青年时去了剑桥大学。

如史所载，1665年，黑死病在英格兰最后一次出现。逃离感染城市的人们传播疾病，形势变得如此严峻以致剑桥大学的权威机构决定关闭大学18个月，来等待瘟疫消散。牛顿回到了他的家，这18个月成为在科学史上最富有成效的时期之一。牛顿独自思考，他得出了（1）微分，（2）积分,（3）色彩理论,（4）运动规律,（5）万有引力,（6）证明了几个杂项数学定理。难怪科学家同意作家艾萨克·阿西莫夫（Isaac Asimov）的说法:"当科学家讨论谁是最伟大的科学家时,其实他们真正争论的是谁是第二伟大的。"

对于我们而言,我们需要考虑的只有运动定律和万有引力定律。看似简单的运动定律可以用于描述宇宙中任何地方的任何对象的运动。它们分别是:

> 运动中的物体会在一条直线上移动,除非受到外力的影响;
> 物体的加速度与所受外力成正比,与物体的质量成反比;
> 每一个作用力都有相对应的大小相等和方向相反的反作用力。

这些定律的第一条就推翻了千年以来的关于运动的思维定式。如果你问托勒密为什么天上的天体不停地转动,他会告诉,物体自身沿完美的几何路径圆周运动。牛顿第一定律则实际上用直线取代了圆。

事实上,一个简单的思维实验就能让你体会牛顿的用意所在。想象一块石头绑到绳子上,然后在你头部周围快速转动。只要你抓住了绳子,石头就会绕圈移动,但如果你放手,它就会在一条直线上运动。牛顿对这项实验的解释很简单:石头想在一条直线上运动,但由绳子所施加的力不断把它拉进一个圈来运动。实际上,你可以在你的手中感受到这种力量。把外力移走,那么石头就会在一条直线上自由运动。

那么牛顿第一定律告诉你是外力在起作用。如果你看到一个物体运动状态的变化——加速、减速或改变方向,那么你就知道这是一种外力导致的结果。牛顿第二定律更详细地说明了力的作用。力越大,加速度越大:物体质量越大,就越难改变其运动状态。例如,使一个乒乓球转向比使一个保龄球转向更容易。

于是,这些运动规律告诉你物体对力如何作出反应,但不涉及任何特别的力。谈到一个特殊的力,我们需要探讨万有引力定律。

在接下来的人生中,牛顿描述的事件引发了这个定律:有一天他走在苹果园里,看到一个苹果从树上落下,在树的上面,他看到天空中的月亮。他知道,苹果下落,因为一个被称为"引力"的力,但他也知道(记得之前的石头和绳子),一定有一种力量对月球起作用。如果没有的话,那月球就会像松开绳子后的石头一样运动。在那一刻,他问了一个今天看来似乎很简单的问题,但需要真正的天才才能首次提出:使苹果落地的力量与使月球保持在轨道上的力量是否相同?

碰巧的是,它们是相同的力量。代替旧的亚里士多德体系,认为其中有一个力使物体落到地球上,而另一个力主宰外部天体,牛顿认为一个单一的力量无所不控。牛顿发现了天地间的万有之力,我们将在后面的章节中讨论。万有引力定律的正式内容说明如下:

> 任意两个质点通过连心线方向的力相互吸引;该引力的大小与它们的质量乘积成正比,与它们距离的平方成反比。

使用这个定律并把它与运动定律相结合,牛顿就能够测算出行星的轨道,这一进程得益于开普勒的经验主义的定律。因此,开普勒定律成了万有引力的推论,而不仅仅是一个实证的结果。牛顿还能够帮助哈雷算出他的彗星轨道,这在第一章中讨论过。这就是我为什么提议把他称作"第一位现代科学家"的原因。

牛顿的影响力并不局限于科学,比哥白尼的领域更广。牛顿的宇宙是一个完美有序的地方。行星转动犹如时钟的指针一样,牛顿定律和计算定义了齿轮,使整个事情井井有条。在 17 世纪的语境中,人类的头脑可以运用理性来发现神的意志,以及神何时创造了宇宙。

你可以看到在当时的文学和音乐作品中提及一个有序的机械宇宙就是这一想法造成的影响,它对于后来的启蒙运动的确起到了重要作用。一些学者甚至认为它对美国宪法都产生了影响。其实,这个想法是因为美国的开国元勋受过牛顿体系的教育,宣称:"牛顿发现的定律,使宇宙变得有序,而我们会制定一部法律,使社会变得有序。"在以后的章节中我们将会更多地看到这种从科学的理念中传播出的更大的文化影响。

从牛顿开始,我们终于得到了现代的科学方法。在我们继续探寻这种调查方法的进展如何之前，我想应该考虑两件事：第一，我想讨论这一体系从欧洲北部的发源地传播到世界各地的方式。然而，在这之前，我想提一下历史学家们称之为"李约瑟难题"的问题。在我们的视域中，"李约瑟难题"可以被表述为："为什么现代科学发源于欧洲北部，而不在别处？"

## "李约瑟难题"

李约瑟（Joseph Needham，1900—1995 年）作为英国剑桥大学的生物化学家开始了他的学术生涯。20 世纪 30 年代，在与来访的中国科学家的交往中引发了他对中国文化的浓厚兴趣——事实上，他应该已经从这些访学者中学会了中国的语言。在第二次世界大战期间，他在中国的中英科学合作馆担任馆长，并后来留下来研究中国的历史，特别是中国的科学技术史。他开始编撰名为《中国科学技术史》的大部头系列巨著，在他去世后由剑桥大学出版社继续出版。

作为一个历史学家，李约瑟不可能错过一个事实，那就是中国科技一直与地中海和伊斯兰世界的科学平行发展着，但它很快就被我们已经描述的欧洲发生的事件超越。为何会发生这种情况的问题被称为"李约瑟难题"。

李约瑟对自己的问题最满意的回答是他看到儒家思想与道家思想在中国令人窒息的影响力。他的论点是，过度的传统主义抑制了个人的积极性，而正是个人的积极性在欧洲得以发展。对于这种影响只略举一个例子，他描述了中国的传统之一就是质疑老师是学生不尊重他们的长辈的表现。由于科学依赖于不断的质疑，也就是说，在这样的环境下成长的学生是不可能开创新的重要研究的。

李约瑟难题也已经有了其他的答案。其中一个很受欢迎的答案认为中国的语言中没有一个字母体系。这种情况导致的一些影响是应用于印刷业有难度，因为字母系统对大脑的高级认知功能存在假定影响（考虑到稍后我们将讨论现代中国和日本科学家的成就，我认为我们可以不再讨论最后这个解释了）。

李约瑟难题的一个更广义的形式:"为什么现代科学发端于欧洲北部,而不在别处?"询问这个问题的人头脑中通常有中国或伊斯兰社会的背景知识。那些把李约瑟难题引申到伊斯兰世界的人,经常引用伊斯兰宗教领袖的倾向,归咎于社会的转型导致早前更为纯洁的宗教形式的消失。这往往导致各种各样的政教合一以及各种争鸣,在发展科学新知识方面价值不大。

至于为什么现代科学在欧洲发展,也存在多种推测性的答案。其中之一,第五章中已经提到,包括欧洲新教的兴起,导致一股对公认的权威形式的质疑。新教强调个人与上帝的关系,否定建立教会权威进行干预的必要性,强调个人成就和责任为实现的前提,这成为现代科学的基石。

另一个经常提到的因素是欧洲的地理环境,它有利于建立小的政治实体,河流和山脉的自然边界能够对其进行保护。这一想法的主旨是大陆被分成小的(经常敌对状态的)政治实体,它不可能建立那种令人窒息的集中正统,也就是李约瑟在中国看到的和早期人们在奥斯曼帝国看到的。现代科学的早期历史充满了新教徒移居到天主教国家,而天主教的学者也移到天主教国家的例子。

最后,文艺复兴时期人文主义的兴起,伴随着古典知识的再发现,被称为科学革命的先驱。质疑既定的学术正统,人文主义者为后来的学者扫清了道路,具有讽刺意味的是,最终摧毁了亚里士多德和其他古代巨头的科学。

在任何这类历史情况下,历史学家寻求特定事件的具体原因是完全合理的。然而,虽然会被经常提起,李约瑟难题往往被称为是"历史假设"的尝试——"为何发生的是 X,而不是 Y?"在我来看,这类问题对于科学的发展是没有意义的。自然规律就在那里,它们一定会在某处被某人发现。如果科学没有在 17 世纪欧洲北部得到发展,那它一定会在不同的时间在别处得到发展。如果发生了这样的事,那时我们就会问关于另一个地点和时间的"李约瑟难题"("为什么是冰岛?")。这种情况让我想起了一首古老的西方乡村歌曲,唱的是:"每个人都会在某个地方,所以我不妨在这里。"

## 科学学会

"科学家"一词是 19 世纪的发明。17 世纪,从事我们认为的科学事业的人被称为"自然哲学家"。19 世纪之前,只有经济独立的人才能奢侈地耗费时间来从事科学思考——这与我们今天习惯的情况很不相同。这意味着,牛顿时期的自然哲学家人数相当少。今天我们知道,孤立地完成科学探究的过程是非常困难的。现代科学家经常通过刊物和无数次的会议与他们的同事进行沟通。科学家们在 17 世纪同样需要沟通,因此要建立机构来满足这种需求。我们追踪科学方法从起源地传播开来的方式之一就是讨论这些机构的蔓延。

最古老的科学组织就是以自然知识改进为目标的伦敦皇家学会(Royal Society of London),通常称为英国皇家学会(Royal Society),它成立于 1662 年,由国王查理二世授以皇家特许。学会是一个松散的科学家团体的正式组织,由十几个科学家组成,被称为"无形学院"(Invisible College),一段时间内在伦敦附近的不同地点举行过会议。最初,学会致力于为成员作展示和实验,但最后,以出版期刊的形式进行新成果的交流。

多年来,许多著名的科学家们一直是皇家学会的会员——艾萨克·牛顿从 1703 年直到 1727 年去世时一直担任学会主席。后来,查尔斯·达尔文(见第八章)向学会宣读了他闻名至今的著名进化论论文。时至今日,英国皇家学会还在大力促进科研并为英国政府提供咨询意见。

英国皇家学会的成功,迅速带动了其他地区类似的发展。1700 年,由德国科学家和数学家戈特弗里德·莱布尼茨(Gottfreid Leibniz,1646—1716 年)建议,当时的勃兰登堡选帝侯特许建立了类似的学会。在一年后选帝侯成为了普鲁士国王,有趣的是,他决定以授予在其王国内独家生产和销售日历的形式资助该学会。

顺便说一下,牛顿和莱布尼茨再次证明了一点,也就是我们在第五章中认为的:重大的发现往往是在不同的地方,由不同的人独立完成的。这些人都发展了微积分,不幸的是,为优先权毕生艰苦地争斗。这些在现代人看来可能有点傻——肯定有足够的功劳可供分配——但它在当时引发了许多民族仇恨。

总之，莱布尼茨在俄国当上了沙皇彼得大帝的顾问，他去世后，1724年圣彼得堡科学院（Saint Petersbury Academy of Sciences）的建立受到了莱布尼茨的影响。许多19世纪伟大的科学家和数学家到此访问或工作过，圣彼得堡当时是俄国的首都。十月革命后，该机构重组为苏联科学院，1934年搬迁到莫斯科。苏联解体后，它再次成为俄罗斯科学院。

当这所科学研究院建立在欧洲的东部边缘时，另一所却建立在欧洲殖民地的新世界。在本杰明·富兰克林的指导下，1743年在费城成立了美国哲学学会（American Philosophical Society）。美国许多伟大的领袖是其成员，例如，乔治·华盛顿、托马斯·杰斐逊和詹姆斯·麦迪逊以及像亚历山大·洪堡（Alexander Humboldt）和塔德乌什·柯斯丘什科（Tadeusz Kosciuzsko）这样的一些外国著名人物。费城的哲学学会今天仍然在运作——笔者在这方面是有资格这样说的。

因此，后现代科学开始从欧洲的心脏迅速蔓延到欧洲的外围。在随后的章节中，我们将看到它在世界各地蔓延，成为一项真正的全球事业。

# 第七章

## 牛顿学说的世界

随着现代科学方法的发展，已经达成了两个重要的目标：第一，科学
家们已经学会了恰当地提出有关自然的问题；第二，他们已经发现回击和
回答这些问题的系统方法。举抛物运动这一我们熟悉的例子，由于人类将
之归于与自然无关的类别，所以现在我们认为它是自然运动与暴力运动
对比的老问题。这一问题的出现是因为我们看世界的方式与自然本身无
关。一旦问题被改写——例如，抛射体实际上会去哪——就可以取得进展。

作为这些技术进步的结果，18、19世纪经历了科学知识的爆炸，主要
集中在西欧。在本章中，我们将着眼于其中的某些进步。当然，我们会看
到上一章中所讨论的方法应用在除力学以外的其他科学领域，尤其是在
化学和电磁学等领域。我们也应看到一个新现象——科学的发展可以从
根本上改造社会。发电机是这种现象中的一个为人熟知的例子，还有其他，
例如，电报之类。类似的生物科学的进步将在下一章进行阐述。

### 炼金术、化学和原子的新理论

炼金术（alchemy）这一名词是从阿拉伯语"al-kimia"而来，许多学者
争辩说，"kimia"是一个古埃及词汇，是用来描述他们国家的（它显然涉及
尼罗河沿岸的"黑暗大地"，这里的沙漠地区有浅色的沙土）。我们谈及过
的每种文化都用各种形式在实践炼金术，人们普遍认为这是现代化学科

学的先驱。

德国炼金术士帕拉塞尔苏斯（Paracelsus，1493—1541年）所著一本书 的书名非常巧妙地说明了什么是炼金术。书名为《溶解与凝结》（*Solve et Coagula*，拆分和组合），这正是炼金术士们处理材料的方式。无论我们谈 论的是埃及祭司为木乃伊准备药膏，还是巴比伦的采矿工程师从矿石中 取得金属，或是中国的医生混合药草以创造一味药，这个过程都是相同的。 材料混合在一起，并通过某种方式进行处理，例如，通过加热，然后产生新 的东西。千年之后，用这种方式积累了大量的经验知识，我们称之为"化 学反应"。

据说炼金术士曾有三大目标。第一个（是大多数人听说过的）是寻找 "点金石"，这可以点石成金。第二个是寻找"长生不老药"，可以治愈任何 疾病，使人长生不老。第三个目标具有更多的技术性质，寻找一种万能的 溶剂，能溶解任何材料。毋庸置疑，这些都没有成功，片刻的思考就能知道 一定会是这样。我的意思是，如果你发现了一种万能的溶剂，你会把它放 在什么容器里？虽然如此，到18世纪，已经累积了很多可用的经验知识。

把化学从经验的集合中剥离出来发展为现代科学的最为相关的人是 法国人安托万·拉瓦锡（Antoine Lavoisier，1743—1794年）。他出生在巴 黎一个富裕的家庭，受过良好的教育。他是一个才华横溢的人，在25岁时 就被选入法兰西科学院。（因为他写过一篇关于街道照明的论文，居然只 是因为这样！）拉瓦锡有着比任何人更丰富、混乱、无条理的化学反应方面 的知识，这些是炼金术士和其他前辈的遗产，他把这些纳入一个单一的连 贯理论中。他的著作《化学概要》（*Elementary Treatise on Chemistry*，1789年） 成为新的科学圣经。就目前而言，我们将着眼于两个拉瓦锡的成就——质 量守恒定律和化学元素的概念。

质量守恒定律（用现代术语来说）指的是参与化学反应物质的总质量 （或者相应的，每个类型的原子数量），从反应开始直到结束都不会变化。 回想起高中化学时，你不得不用化学方程式来抵消。你可能还记得，如果 以三个氧原子开始反应，它不得不以相同的数量来结束。实际上，这是拉 瓦锡首次把这一原理的应用到科学中。

　　他之所以发现质量守恒定律在于他坚持对参与化学反应的不同材料的重量精确测量。例如，在一个经典的实验中，他把一些新鲜的水果切片封在一个罐子里，并仔细称量罐子和其中物品的重量。一个星期后，水果变成恶心的黏性物贴在罐子的底部，并且在罐子内部的玻璃上有水珠。然而，尽管都已明显发生变化，但罐子的重量与第一天时是完全一样的。凭着这样的仔细测量，拉瓦锡确立了一个事实（还是用现代术语来说）：即使最复杂的化学过程，涉及固定的原子数的混合，也不会有新原子被创建或销毁。我们在第九章中谈爱因斯坦的工作时会再次遇到这个概念。

　　拉瓦锡虽然把很多化学元素纳入了他的广泛理论中，但他没有发现那么多的化学元素存在。部分已获得的经验知识是大部分材料可通过化学手段进行分解（例如，燃烧），少数则不能。这些基本物质被称为元素。拉瓦锡发现了其中一些（例如，氧和氢），当时已知的还有其他 20 余种。元素的概念在某种程度上比其他事物更为基础，这成为现代原子理论的基石。

　　此外，拉瓦锡还发现了一些无法解释的规律。例如，如果水分解成元素，结果产生的氧（按重量）总是氢的 8 倍。这种所谓的"定比定律"适用于许多物质，但无法作出解释。

　　虽然出生于显赫家族显然是拉瓦锡科学生涯中的有利条件，但在法国大革命后却转为不利条件。他曾是一个著名的（和非常不受欢迎的）私人征税公司的包税员，而且在 1794 年恐怖统治期间，被指控叛国，并于 5 月 8 日被送上了断头台。法官收到一条国际呼吁，请求饶拉瓦锡一命，法官则留下了自那时起所有左派和右派革命家的典型声明："革命既不需要科学家，也不需要化学家。"为拉瓦锡的死刑作出的最好声明也许来自意大利物理学家和数学家约瑟夫·拉格朗日（Joseph Lagrange）："他们可以一眨眼就把他的头砍下来，但他那样的头脑一百年再也长不出来一个了。"

　　正当法国陷入混乱，原子理论的故事却越过海峡到了英国。让我们谈谈约翰·道尔顿（John Dalton，1766—1844 年），一位英格兰北部的贵格会学校的老师。由于当时英语教育系统的特殊性，也就是说，除非愿意归属英国国教信仰，否则不允许进入大学。作为贵格会教徒，道尔顿不能这样

79

做,所以他接受的是官方渠道之外的非正式教育。他对许多科学问题感兴趣,如色盲(有时也被称为"道尔顿症",为了向道尔顿表示敬意),但对我们重要的是他对大气层气体的研究。被这些研究所驱使,以及在定比定律和头脑中存在化学元素概念的基础上,他第一次明确地提出了现代原子理论。

基本上,道尔顿认识到所有无组织化学知识的集合可以为一个简单的想法解释,也就是我们称之为现代原子理论,它与希腊人的哲学思维系统区别开来。该理论的基本原理如下:

80

> 物质是由不可分割的原子组成;
>
> 同一化学元素的所有原子都相同;
>
> 不同的化学元素的原子各不相同。

这个简单的理论解释了大量积累的化学知识。大部分物质都是化合物,是由各种原子集合在一起的。例如,水分子是由两个氢原子和一个氧原子组成的。氧的重量是氢的 16 倍,因此,如果把水分解,你会发现 8 份氧和 1 份氢。而且,定比定律也解释了这一点。所有这一切都被收录在 1808 年出版的名为《化学哲学新体系》(*New System of Chemical Philosophy*)的书中。

事实上,在经验证据基础上的道尔顿模型使人类在了解宇宙的基本结构的进程中迈进了一大步。随着 19 世纪的进展,一些事件随后发生,并表明真正的原子理论比道尔顿原本以为的要更为复杂。

1. 发现更多的元素。当道尔顿发表他的作品时,人们知道 26 个元素。随着 19 世纪的发展,这一数字迅速攀升(今天,我们计算出 118 个)。这一发展使原始简单的道尔顿描绘显得逊色,但并没有否定它。

2. 发现不明原因的规律。其中最重要的是俄国化学家德米特里·门捷列夫(Dimitri Mendeleyev, 1834—1907 年)1869 年发现了元素周期律。编制化学文本数据的同时,他发现元素恰好能被列入纵横的表中,其重量从行的左边开始递增,而在同一列中的元素有相似的化学性质。该系统起作用了,直到量子力学(见第九章)的出现前,没有人知道原因是什么。

3. 最终证明原子是可分的。1895 年,英国物理学家 J.J. 汤普森(J.J. Thompson)确定了我们现在称之为电子(见第九章)的微粒是组成原子的部分。原子不但是可以分割的,而且原子还有内部结构,这将是在 20 世纪物理学的焦点。

正当原子模型的细化继续进行的时候,欧洲的科学家们开始了一场奇怪的辩论。鉴于物质似乎由无形的原子组成,那么这样看来,原子是真实的吗? 它们是不是只是人们脑中的构想,而不是实际的物理存在? 科学家应该怎样处理这样的问题呢?

在这次辩论中最突出的是物理学家恩斯特·马赫(Ernst Mach, 1838—1916 年)。他的出生地现在是捷克共和国,在当时是奥匈帝国的一部分,他最终成为了布拉格查尔斯大学的教授。他曾在许多领域工作——事实上,他曾经拒绝了一份做外科医生的提议。他最著名是两件事情:声音在空气中的传播速度以他的名字命名(飞机以这个速度飞行被称为 1 马赫)以及他对原子真实性的否定。

马赫是一位非常优秀的科学家,他否认了道尔顿的描述,不认为他提供了一个优雅和有益的思考世界的方式。他的反对在本质上是很富哲理的。事实上,马赫现在被称为科学哲学领域的创始人之一。

他是实证主义哲学观点的坚定支持者,这一观点认为科学中有意义的问题只有那些能被实验或观察所确定的。由于原子不能被观察到,马赫认为它不应该被视为真正的存在,尽管他承认它是一个非常有用的概念。马赫与 19 世纪的物理学家在这个问题上的辩论是有悠久历史的。

令人惊讶的是,这场辩论在 1905 年被一个名为阿尔伯特·爱因斯坦的瑞士专利局的年轻技术员解决了,他就"布朗运动"这样一个晦涩的主题发表了一篇论文。这一运动是以英国植物学家罗伯特·布朗(Robert Brown, 1773—1858 年)命名的,他在 1827 年发表了他在显微镜中看到的一个小花粉悬浮在一滴水上的描述。花粉没有静止不动,而是看起来像在随机运动般地抖动。

爱因斯坦意识到花粉粒正是在被水分子不断地撞击。每一次分子的弹开,它就对颗粒产生了小的力。一般而言,这些力会相互抵消,例如,向右跳的许多分子与向左的应该一样多。然而,在一个既定的时刻,普通的统计波动将会表明一方有着更多的分子。然后,在那一瞬间,将对花粉粒产生净力,并使其移动。瞬间后,情况可能会逆转,由分子所施加的力将导致花粉粒的回移。当然,这完全是布朗已经看到的一种抖动。爱因斯坦用数学运算表明该运动完全可以用这种方式解释。

重点在于:精神上的构想无法产生力,只有真实存在的实物才可以。随着爱因斯坦对布朗运动的解释,于是,关于原子的辩论宣告结束。它们是真正的物体,能够产生力。就此完结。有了这方面的发展,科学家的注意力转向了解原子的结构,我们将在第九章进行讨论。

## 电和磁

我们将谈论的是与电和磁相关的基本现象,这些现象存在于已知最古老的文化中。它们从来不是构成科学探究的重要课题,但是可以把它们作为一个知识方面附带的问题,以显示与其他学科的不同,如医学和天文学。但直到科学革命时,真正认真的研究才开始,将在下面列出的一些意想不到的发现中,从一个不起眼的角落摇身一变成现代技术社会的主要驱动力。在这部分中,我们将追溯电学知识到 18 世纪的发展,然后再同样追溯磁学的发展,最后讨论一个单一的将两者连贯起来的理论发展。

首先来谈谈电学。希腊人已经知道,如果用猫的毛皮摩擦一块琥珀,它会吸引小块的物体("电"这个词来自希腊语中的"琥珀")。在干燥的天气用梳子梳头发,让它来吸引小纸片,可以得到相同的效果。我们说,这是一个静电的效应,也可以说,琥珀或梳子在摩擦过程中获得了"电荷"。

更重要的是,希腊人也已经知道,如果你用两块软木接触这块琥珀,软木会互相排斥。请注意,这意味着我们正在应对的新力量与重力是不同的。重力始终是有吸引力的,它不可能是一个排斥力。第十一章中,当我们谈论自然的根本力量时,这一事实将是极为重要的。

此外,希腊人还知道,不用猫的毛皮摩擦琥珀,而是用丝绸擦一块玻璃,你可以得到非常相似的效果。触及玻璃的小块软木也会互相排斥。另一方面,如果你把已经触及琥珀的小块软木靠近已触及玻璃的一块软木,它们会互相吸引。

在现代语言中,我们可以把这些结果以下列方式来总结:

1. 摩擦产生电荷;
2. 有两种电荷,我们习惯上称之为"正电荷"和"负电荷";
3. 同种电荷互相排斥,异种电荷互相吸引。

这些普遍的规则代表了从上古时代到 18 世纪电学知识的状态。当然,到那个时候,现代科学方法已经阐明,所以调查者有如何进行的路线图。在整个世纪中,研究人员开发出多种方式来积聚大量的静电荷,以及研究带电体的表现方式。相当有趣的是,他们称自己为电工(electicians),这个词在现代世界有着完全不同的意义。我们将在下文中着眼于两名"电工"——北美殖民地的本杰明·富兰克林(Benjamin Franklin,1706—1790 年)和法国的查利·库仑(Charles Coulomb,1736—1806 年)。

当然,不需要向美国的读者介绍本杰明·富兰克林。他的名字使人想起一个戴眼镜的秃头男人,他在新国家的建立中起到重要的政治作用。少为人知的是富兰克林在 18 世纪的电学研究中是一个重要的人物。毫不夸张,如果那时已经开始授予诺贝尔奖的话,他一定会获此殊荣。我们将从理论和技术两方面来研究他的贡献。

富兰克林是第一个认识到知识积累中的静电可以根据电荷的运动来解释的人。由于教学的原因,我将解释富兰克林当时一定还没有认识到在现代术语中所谓的单流体理论(single fluid theory)。我们将在第九章看到物质由原子构成,而原子中带负电荷的电子环绕着带正电的原子核旋转。通常情况下,任何物体原子中的正负电荷数是一样的,所以物体是中性的。当我们摩擦物体(记得琥珀和猫的毛皮),就有可能发生两者其中之一的事情。一是,我们会使电子离开物体,留下多余的正电荷;或者,我们会把电子带给物体,使它带有过量的负电荷。因此,一个单一种类的电荷运动(我们称之为电子,而富兰克林称之为电流)可以解释存在两种类型的电。

我们将看到,对这一点的认识为后来的发展打下了基础。

在实用技术方面,富兰克林最出名的是他运用电力知识发明了避雷针。解释下这个词:闪电在 18 世纪的城市中是个严重的问题,特别是对于主要用木材建造的城市,如美国的一些城市。这些城市没有集中的供水系统和基本的消防能力,因此,雷击不仅威胁到它所击中的建筑物,还会引起可能会破坏整条街区的火灾。富兰克林注意到,当他在静电实验中产生火花时,总有闪光和噼里啪啦的声音。在对于闪电的思考中他也意识到闪电中有这些现象——可见的闪光,后面伴随着雷声。这使他联想到闪电可能是一种有关电的现象。

他的避雷针是一个简单的铁棒,从房子的顶部延伸到地面。从本质上讲,它创造了一条雷云电荷的"超级公路",使它不与房子接触就到达地面,这样就提供了转移冲击力的非常有效的方法。今天,我们在高楼大厦和电源线上放置短金属棒,然后把这些金属棒用有弹性的金属电缆连接到地面,就达到了相同的效果。

富兰克林的发明收到的反应很有趣。在美国和英国得到了热情的认可,虽然英国对设计的一些细节有过轻微的挑剔。然而在法国,神职人员抨击这一设备,他们认为它挫败了神的意志。用现代语言来说,他们指责富兰克林"扮演上帝"——这一控告经常被扣在今天的生物技术工作者头上(见第十章)。因此,在法国,人们继续在电闪雷鸣的时候到教堂的尖塔上敲钟。这在当时被认为可以防止雷击,但实际上,真的很难想象在雷暴的时候有比教堂的尖顶更糟糕的地方了。在避雷针被接受之前,许多法国人因此丧命。

如果本杰明·富兰克林是典型的科学修补匠,那么查利·奥古斯丁·库仑(Charles-Augustin de Coulomb)则是谨慎的以实验为导向的另一类型科学家,虽然独立且富有,但他没有卷入法国大革命——实际上,1781年他被征召到巴黎参与我们现在所说的公制单位系统的制定。他在一些工程学领域有所贡献,而且信不信由你,他在建筑师中相当有名,被认为是挡土墙(Retainimg Wall)设计的先驱。

然而,他的电学实验将是我们关注的焦点。1785 年,他发表了一系列论文,其中他对他的有关电力的精密实验作了报告。他在已知的距离内给对象物体施加仔细测量过的电荷,然后测量所产生的力。我们总结他的研究结果如下:

> 任何两个带电物体之间相异电荷相吸,相同电荷相斥,这种吸引力或相斥力的大小与这些电荷所带电量的乘积成正比,与它们之间距离的平方成反比。

这一结果被称为"库仑定律"(Coulomb's Law)。你可能注意到了它和本书上文提及的万有引力定律之间的相似性。基于这个结果,我们可以说一切都与静电行为有关。

## 生物电

"电工"的发现并非只引起了科学家们的兴趣。也许以这一概念为中心,公众最关心的是在生活中电能发挥怎样的性能。当时的一个普遍观念是生命物质与非生物是不同的,因为它充满了神秘的"生命力"。在接下来的章节中,我们将看到 19 世纪的生物学家如何证明被称为"活力论"(vitalism)的理论是错误的,但在 18 世纪的后半叶,这一说法仍然非常盛行。

意大利医师路易吉·伽伐尼(Luigi Galvani,1737—1798 年)似乎用实验肯定地证明了电和生物之间的联系。在一系列著名的实验中,他发现被截的青蛙腿在被电荷刺激后抽搐。后来,伽伐尼表明,通过用两种不同的金属,例如铜和铁,接触青蛙腿可以达到相同的效果,他认为,这表明,肌肉中一种特殊的力量在起作用,并把这种生命力命名为"生物电"。

意大利物理学家亚历山德罗·伏特(Alessandro Volta)与伽伐尼就有关青蛙腿的实验意义展开了长时间的辩论。伏特的工作将在下面更加充分地讨论。最后,他们每人答对了一半。伽伐尼正确的是电流可以刺激肌肉反应,任何接触过开路的人可以为他作证;伏特正确的是电流可以通过

85

化学反应产生。

最后证明不存在生物电,只有普通的正、负电荷。然而,关于这个问题的辩论产生了一些令人吃惊的结果。其中之一将会在下面讨论,就是伏特所进行的研究激发了他发明电池的灵感,这一设备间接导致了一些电磁定律的发现,使现代社会成为可能。

一个更奇特的事情是 19 世纪的一些研究人员使用电池来研究电流对人类尸体所起的效果。他们甚至还公开演示了怎样使尸体踢腿和坐起来。一些学者声称,玛丽·雪莱(Mary Shelley)看到了这样的演示以致启发了她创作了著名小说《弗兰肯斯坦》(Frankenstein)。如果情况属实,电力科学涉及面确实很广。

## 磁 学

磁学的历史故事与电学略有不同,主要因为磁铁可以用作指南针。所有的古代文明都知道铁矿有着某些自然特性物,称为"天然磁石",有着吸引金属物件的能力。希腊人甚至有一个传说,在爱琴海的某处有一个完全用这种材料构成的岛屿。他们用这个传说为理由不使用铁钉造船:如果船舶冒险接近该岛的话,那些钉子会被拔出(当然没有这样的岛屿,但铁钉接触海水会被腐蚀——这就是不在船上使用它们的充分理由)。

磁性材料的结构很快变得众人皆知。在现代语言中,每块磁铁都有两极,我们习惯把其标为"北极"和"南极"。如果两块磁铁的北极靠近,它们就会相斥,而如果一块磁铁的北极靠近另一块磁铁的南极,就会相吸。这似乎是磁力的基本定律。

磁铁的重要特性是,如果它们可以自由移动,例如,如果把磁石放置在水中漂浮的软木上,磁铁会指向南北。因此,磁铁可以做成指南针,即使在不能看到太阳或星星的时候,航海家也可以用它确定方向。

指南针的起源地和这一技术如何在古代传播到世界各地的问题引起了历史学家之间相当大的争议。基于在中美洲发现的天然磁石手工艺品,一些学者提出,奥尔梅克人(Olmec)早在公元前 1000 年就开发了指南针,其他学者不同意这一说法，认为那种手工艺品只是装饰结构的一部分。

中国人使用指南针的证据是确凿的。似乎该仪器最早是用来确定建筑物的方位，这是古代风水艺术的一部分。公元 1040 年，中国文学作品中有记载提到使用磁铁作为"司南"，大多数学者接受这一时间作为此项发明诞生时间的说法。1117 年，中国的史料中第一次提到将指南针用于航海。

指南针如何传到欧洲也是有争议的问题。欧洲文本中最早在 1190 年有指南针用于航海的记载。这一发明从中国传到欧洲，或者是独立发明的，仍然是个悬而未决的问题。很明显，在中世纪的鼎盛时代，欧洲航海家在他们的工作中已经使用了指南针。

有关磁的知识是由英国医生威廉·吉尔伯特（William Gilbert，1544—1603 年）来编撰和扩充的。他 1600 年出版的著作《论磁》（*De Magnet*）总结了有关磁的知识积累以及提出了他自己的研究心得。他首次认识到地球本身是一块巨大的磁铁，由于地球磁铁南北两极的相互作用使地球能够保持纵向。吉尔伯特甚至用磁性材料制作了一个小地球仪，用于研究指南针的反应。

他也意识到另一个关于磁铁的重要事实，那就是磁极不同于电荷。这可能是已经分离出的电荷，例如，你可以从一个原子中移出一个电子来创造一个孤立的负电荷，但对于磁极，却不能这样做。如果你把一块有北极和南极的大磁铁从中间分开，你得不到一个单独的磁极——你有了两块较短的磁铁，每块都有北极和南极。如果你坚持不懈地把它切割成更小的磁铁，这种现象还会无限重复。你根本就不可能创造出一个孤立的北极或南极。

因此，18 世纪末，静电荷和磁体的研究中人们得出了两个一般原则，我们写出来以供将来参考：关于电荷的库仑定律、没有孤立的磁极。然而，从我们的角度来看，最重要的事实是，这两组现象之间没有联系——它们只是两个独立的研究领域。

作为进入新世纪的转折点，恰在 1800 年，有了一个重要的发展。意大利物理学家亚历山德罗·伏特制造了第一台也就是他称之为"伏特（打）

87

电堆"的样机，我们称之为"电池"，电压单位"伏特"就是以他的名字命名的。科学家们首次可以利用装置来产生可输送电荷——就是我们今天所说的电流。这在电和磁现象研究史上揭开了一个新的篇章。

这一新道路的第一步发生在 1820 年 4 月 21 日，一位年轻的名为汉斯·克里斯蒂安·奥斯特（Hans Christian Oersted，发音为"ER-sted"，1777—1851 年）的丹麦教授在哥本哈根作了一个演讲。在展示台上的诸多设备中有一个电池和一个指南针。他注意到，每当他连接电池使电流在电线中流动，磁针就会转动。奥斯特那天发现，的确，连接电池后，移动电荷（电流）可以产生磁场效应——今天我们会说它们产生了磁场。这些磁场反过来使磁针转动。

有了这一发现，奥斯特推倒了电和磁现象之间的屏障。连同下文所述的法拉第的工作，一个认识被确立起来，那就是这两个领域的研究看似不同，但却是一个硬币的两面。此外，虽然我们不能详述这一发现导致重要技术创新的细节，如电磁铁和电动机的发明，两者都是在现代社会中无处不在的。这标志着我们第一次看到了基础研究之间有清晰的联系——进行研究不仅单纯地为获取知识——也为社会创造了重要的经济效益。

在维多利亚时代的英国，迈克尔·法拉第（Michael Faraday，1791—1867 年）从卑微的地位上升到成为最杰出的科学家，他是维多利亚女王宫廷中的常客。他是一个铁匠的儿子，与道尔顿一样，因为他是异教徒，被英国和教育体系排除在外。14 岁时他在一个订书商那做学徒，在装订书籍的同时自学科学知识。他聆听了一些由著名化学家汉弗莱·戴维（Humphrey Davy）作的公开讲座，做了笔记，并用皮革装订好送给戴维。最终戴维雇用了法拉第，为这个有才气的年轻人敞开了科学世界的大门。

法拉第在科学史上作出了太多的贡献，很难决定从哪里提笔来描述。如果让我用运动项目来类比，那他不只是名人，而是"全明星"。对于我们而言，我们将集中讨论这些成就中的一项——电磁感应。

这里有一个简单的例子来说明这一现象：想象你在桌上有一个金属线圈——没有电池，墙上没有插座，只有一个金属线圈。现在想象一下，我手中有一块磁铁，我把它向金属线圈靠近。法拉第发现只要线圈区域的磁场发生了变化,电流就会在金属丝中产生,即使是在没有电池或其他能量来源的情况下。我们说变化的磁场产生电流。

从电磁感应的发现中发明的最重要设备是发电机,由它产生了几乎所有现代文明所使用的电力。对于发电机的形象化,先回到我们的金属线圈和一块磁铁的例子,只是这一次用直杆来举起线圈,把磁铁固定在空间中。如果你抓住直杆并扭动它,线圈就会旋转。这意味着,只要线圈在旋转,位于线圈周围的磁场就会不断变化。因此,只要你保持转动,电流就会流入线圈——先是单向的,然后是另一方向。这就是发电机的原理。

我还要补充叙述一则法拉第的故事。英国的首相之一,可能是巴麦尊(Palmerston),巡视法拉第的实验室,看到了发电机的原型。

"这非常有趣,法拉第先生",他说,"但这有什么用呢?"

"首相先生",法拉第回答,"有一天,你将可以对它征税!"

## 麦克斯韦方程组

当19世纪的"电工"结束工作时,有了四个支配电和磁的基本规律:库仑定律、没有孤立的磁极、电流产生磁场和不断变化的磁场产生电流。

这四个阐述,在适当的数学形式中,被称为"麦克斯韦方程组"(Maxwell's Equations),它们在电和磁领域发挥的作用与牛顿定律在运动科学中发挥的作用是相同的。每个涉及电和磁的现象,从原子中电子的相互作用到银河系的磁场,都被这些规律支配着。它们被称为经典物理学的重要支柱(即20世纪之前的物理学)。

你也许会觉得奇怪,为什么这些方程会以一个与发现它们没有任何关系的男子的名字来命名。詹姆斯·克拉克·麦克斯韦(James Clerk Maxwell,1831—1879年)是一位苏格兰物理学家,在许多科学领域作出了贡献。至于这些方程方面,他在第三个方程中加进了一个小术语(只有专家才对此感兴趣),使这一体系变得完整了。其次,他对当时的数学前沿领域很精通(在当时是偏微分方程式),这个技能让他看到了这些特殊方程式构成了一个连贯、独立的整体,也让他能巧妙地处理这些方程来进行新

89

的预测。

一旦麦克斯韦把这些方程排好序,就构建出了一个惊人的预测体系。根据麦克斯韦的计算,自然界存在波——这些波能在电磁场中来回抖动从而在真空中运动。此外,这些波的移动速度预计为每秒 186 000 英里——也就是光速。事实上,麦克斯韦迅速查明了可见光,从红光到紫光,作为这些新的电磁波的例子。问题是,按照他的理论预测,这些新的波可能有任何的波长,可见光的波长约在 4 000 原子的横截面(蓝光)到 8 000 原子的横截面(红光)之间。事实上,麦克斯韦预言的其他波很快就被发现了,从无线电波到 X 射线。被称为“电磁波频谱”的存在与麦克斯韦方程组的正确性是相一致的,当然,它也给我们提供了用途广泛的有用功能——你可以使用光谱的各种部分,例如,每次使用手机或在微波炉里加热食物。

## 美国的电气化

有关发电机的一点,只要你能找到一个能旋转磁场中电线圈的能量来源,就可以产生电流。可以通过电线把电流传送到遥远的地方,所以人们在历史上第一次能够在一个地方生产能量,然后在另外一个地方使用它——20 世纪特征之一的城市区域快速扩张就以它为重要的先决条件。今天,旋转线圈的能量可以来自大坝下落的水流,但多的可能来自煤或燃气锅炉或核反应堆产生的蒸汽。

这一新技术的第一次商业化示范是在 1878 年 4 月 25 日的芝加哥,在那天,一系列碳弧灯照亮了密歇根大道。示范非常成功,但在第二晚,整个系统烧掉了,几个月都没能恢复。

尽管有着不吉利的开头,但电气化还是很快流行起来。起初,酒店和百货公司等大型私营机构自己安装了发电机,用电灯取代了当时通用的煤气灯。到 1879 年,建成了第一座中央发电站(在旧金山),发电站也很快在其他城市建起来。起初,限制因素是连接发电机和用户用来传送电流的铜线成本,例如,用它从发电机来传输超过 16 条街区的电流是不合算的。随着技术的进步,以及传统工艺一点一滴地改进了系统,这些障碍被克服了,我们目前大规模的中心发电厂连接一个无处不在的电网系统开始初具规模。随着 1936 年农村电气化管理局的创建,美国成为第一个建立全大陆电网的国家。

这个故事的重点就是:如果你问法拉第或麦克斯韦,他们自己的工作是否会改善路灯照明或电动牙刷,他们将对你的问题无从所知。他们的兴趣在于发现自然界的基本规律——我们今天称之为基础研究。然而,在他们工作的几十年里,这个星球正在顺利地进行着复杂的架接线路的过程。这往往就是基础研究——它引导人们到没有人能事先预测的地方。

当我与我的学生们讨论时,我经常把我的见解半开玩笑地称作"特赖菲尔定律"(Trefil's Law),它指的是:

> 每当有人发现天地万物如何运作,其他人很快就会跟从研究,并找出如何从中获利。

## 小 结

衡量 19 世纪的科学和技术的影响的方法之一就是把 1800 年某人的生活与 1900 年类似的生活相对比。差异是惊人的。

1800 年,如果你想从一个地方到另一地方旅行,你使用相同类型的交通工具——人力或畜力驱动——在古埃及是可行的。1900 年,多亏了许多个人的灵感产生的工艺,你会坐火车,利用储存在煤炭中的太阳能。

1800 年,如果你想和一个越洋的朋友交流,你会写封信,信件可能要花几个月才能到达目的地。1900 年,电报的发明和横跨大西洋的电缆的铺设把沟通时间减少到几分钟。

1800 年,如果你想要夜晚有光,你会点燃蜡烛或使用鲸油灯。到 1900 年,你可能轻按一个开关就能打开一只由电力驱动的白炽灯。

我可以继续说下去,但我认为重点已经明确了。整个 19 世纪的科学和技术以许多不同的方式相互作用,使人类的状况产生了巨大的改变。第一章中的蒸汽机就是詹姆斯·瓦特工作中的产品。在这种情况下，基础科学（物理学的分支热力学）后来的发展，至少部分缘于发动机的实际重要性。另一方面，发电机把法拉第的研究转化为电和磁的基本性能——在这种情况下，基础科学领导了技术。

电报的故事是科学和技术的一个奇怪的组合。其操作取决于电磁的使用，其中，正如我们已经看到的，由奥斯特的电和磁基本属性的理论而来。电报的第一次使用——1836年在英国，1838年在美国——依靠设备的工艺改善。因此，我们可以认为这些电报由基础科学和技术结合而来，其中技术以微弱的优势起主导作用。

然而，跨大西洋的海底电缆是一个多少有点与众不同的故事。1866年成功铺设了第一根电缆，从爱尔兰到纽芬兰。电缆的运作依赖于英国物理学家威廉·汤姆森（William Thomson，后来称为开尔文勋爵，1824—1907年），他用新发现的电磁定律来解决同轴电缆的理论工作，最终展示出微弱的电报信号如何在长距离中被发送和接收。这一点展现出基础科学在主导技术。

像电报的发明，能以陌生和难以预料的方式影响人们的生活。让我用一个例子来说明这一点。电报发明之前，没有人能够在波士顿（例如）知道纽约或费城的实时天气状况。一些概念，例如锋面雨和广泛的暴风，简直无法预测。然而，一旦有人可以从很多地方通过电报收集数据，把天气模式看作一个地理现象成为可能，并开始进行预测。你可以认为电报是今天的现代气象卫星，甚至天气频道的先驱。

# 第八章

# 生命科学

科学的分支生物学开始对生命系统的研究落后于物理科学的发展并 非偶然。事实上，生命系统大大复杂于非生命系统。可以说，例如一个单一的变形虫，比整个银河系更复杂，以及由数十亿相互连接的神经元组成的人类大脑是宇宙中最复杂的系统。那么，生命科学的发展较慢就不足为奇了。然而，像物理学一样，生物学在牛顿之后的世界也经历了一场深刻的变革。基本上，它从一门致力于描述和为万物编目的科学转为研究作为生命系统的基本单位细胞的科学。我把这称为"细胞转向"（cellular turn），而且，我们应当看到，这是在今天强调生物分子相互作用的生物学的先导。然而，与艾萨克·牛顿工作前后的事件不同，注意力转移到细胞是渐进的，不是在某一个人领导下的过渡。那么，在下面我将挑选一些科学家来说明这种新的思维方式，但请你记住，最终成果是许多科学家工作的共同结晶，我们此刻没有展开讨论这些的空间。

正如我们在前面的章节中所做的，我们也将通过考察几个有关的重要科学家的生活来追踪细胞转向。这些人是：

卡尔·林奈（Carl Linnaeus，瑞典，1707—1778 年）

格雷戈尔·孟德尔（Gregor Mendel，奥地利，1822—1884 年）

路易·巴斯德（Louis Pasteur，法国，1822—1895 年）

泰奥多尔·施旺（Theodor Schwann，1819—1882 年）和马蒂亚

斯·施莱登(Matthais Schleiden,1809—1881 年),都是德国人

我们将在这个列表中添加:

查尔斯·达尔文(Charles Darwin,英国,1809—1882 年)

把达尔文单列出来是有原因的。他是无可争辩有史以来最伟大的生物学家,但他并没有参与细胞转向。他提出的是一个不同的问题,而不是思考生命系统如何运作。他想了解万物从何而来,这为生命科学引入了整体的新思想模式。

## 卡尔·林奈

大多数的历史记载都提到生物学家曾有一个单一的目标——对我们这个星球上所有生物进行描述和分类。这确实是一项艰巨的任务,因为你可以看到在你现在所在位置的几百平方米的范围内,就至少有数百个,也可能有数以千计的不同植物和动物物种。今天,地球上的物种总数的最佳估计为约 800 万种,在没有电脑的帮助下,这一分类是相当艰巨的工程。卡尔·林奈是我们称为"识别和分类生物学"高潮阶段的代表人物。

他出生在瑞典农村,在乌普萨拉大学受过教育,也在那里度过了他的大部分学术生涯,学习了医学和植物学,并最终成为院长。他被人们牢记是因为他创造了一种将生命系统的多样性进行组织的现代分类方式,这在今天仍然被广泛使用。

下次你去动物园或博物馆的时候,留心介绍动物的铭牌。你会发现,在英文名称下面会有两个拉丁词汇,例如,北极熊会被标上"Ursus maritimus"。这种所谓的"二名法"(binomial nomenclature)是由林奈引入的,作为其分类体系的一部分。体系本身基于一个分类过程,其中具有类似性质的植物或动物被组合在一起,不同的生物体则被分开。例如,你的分类可能会从松鼠比起橡树来更接近蛇开始,然后发现比起蛇来松鼠更接近兔子,依此类推。作为一个如何以现代形式运作系统的例子,让我们

看看当时的林奈是怎样划分人类的。

首先,他希望把人划到被称为一个"界"的大类。林奈意识到了两个界——植物界和动物界,但今天,我们通常会添加另外三个:真菌界、原核生物界和原生生物界。摄取食物的人类显然是在动物界。我们比橡树更接近蛇。

在动物中,有一组具有背部神经索的,神经索通常包在骨骼中。人类有脊椎,所以我们被归为所谓的"门",其中包括脊椎动物。我们比起龙虾更接近蛇。在脊椎动物中,有一组是温血动物,胎生并哺乳喂养其幼种。人类是"纲"中的哺乳动物——比起蛇我们更接近兔子。在哺乳动物中,有一组有着适于抓握的手指和脚趾以及双眼视觉。人类显然是"目"中的灵长类——比起兔子我们更接近猴子。

分类到这时,我们遇到了一些关于人类的些许不寻常的事情。大多数动物都有大量的近亲。我们也有,但大都灭绝了。明确地说,我们知道20多种灭绝了的"人类"。

在继续我们的分类时,我们注意到,在灵长类动物中,有一组是直立行走并有着大号大脑的。人类属于"科"中的人科——比起猴子我们更像尼安德特人。到此刻,分类的标准变得非常详细,一些事物,像齿形或窦腔,成为人们关注的焦点。但在人科中,人类属于智人——比起其他原始人我们更像尼安德特人。最后,我们得出了我们归属的特定物种,这些特点是我们独有的——现代人种。因此,对人类的二项式分类是智人("有智慧的人")。

总结林奈对于人的分类标准为:

界——动物

门——脊索动物(大多数脊索动物也是脊椎动物)

纲——哺乳动物

目——灵长类动物

科——人

属——智人

种——现代人

顺便说一下,对于林奈的分类法的牢记有不错的记忆方法——"菲利普国王来吃美味意大利面"(King Phillip came over for good spaghetti,以每个词的首字母来记忆分类法的 7 个词——译者注)。在原则上,我们可以通过相同的排序过程为我们星球上的 800 万个物种进行排序,从青蛙到蝴蝶。最后,每个物种都会有自己独特的分类框架。这样的结果确实代表了"识别和分类生物学"阶段的高潮。

话虽如此,我必须指出,林奈的将生物分类并不是神圣或必然的。事实上,在第十章中,我们将看到,19 世纪"细胞转向"的最终结果是在 20 世纪的"分子转向"(molecular turn),那时生物学家开始注意到管理细胞功能的分子过程。在这种情况下,许多科学家发现基于分子结构的分类计划比林奈基于机体构造的分类计划更有用。怎样进行分类的问题是有益的,而且组织生命系统的方式也有很多种。

## 格雷戈尔·孟德尔

科学家的刻板印象是孤独的天才在封闭的状态下工作,这是对科学向前发展方式的一种贫乏的描述。每次我们讨论科学家时都曾与同事讨论,也有前辈的工作为基础。事实上,格雷戈尔·孟德尔是我们要谈到的科学家中唯一刻板的孤独天才。

孟德尔出生地现属捷克共和国,在维也纳学习了一段时间后,他进入了布尔诺的圣奥古斯丁修道院,当了一名物理教师。1867 年,他成为修道院的院长。然而,在 1856—1863 年,孟德尔进行了一系列实验,最终改变了科学家对生命系统的思考方式。

布尔诺修道院周边主要是从事农业的地区,有连绵起伏的丘陵,果园和葡萄园。因此,孟德尔选择了遗传(亲代的特定性状如何传递给子代的问题)作为他的科学研究对象不足为奇。当然,上千年的植物和动物育种积累了很多关于这一问题的实用知识。孟德尔选择常见的豌豆作为他探索这个问题的模型。

　　稍作解释：孟德尔不是真的有兴趣研究豌豆的遗传学。他选择这一植物是因为欧洲中部的气候可以在一个生长期内成功种植三季豌豆作物。这意味着，豌豆是生物学家称之为"模型"的理想植物。这就是说，在短短几年内你可以看到好几代发育，如果你能理解一些豌豆的遗传规则你会明白，你虽对苹果树的遗传有不错的见解，但这一代的产出可能会持续十年或更长时间。

　　一个经典的孟德尔实验如下：从获得纯种的植物开始——那就是作为子代的植物其亲代有相同的特征。举个例子。如果一个纯种豌豆的亲代都高大，那么它的子代也将高大。孟德尔从高大植物中取出花粉（例如）授精到矮小的植物中，然后观察子代的发展状况。

　　他很快就发现在遗传中有重复模式。例如，在上述实验中，第一次交叉培育的所有子代都是高大的。然而，如果我们在这些子代身上进行相同类型的异体授精，植物的子二代中只有 3/4 是高大的，余下的 1/4 是矮小的。其他实验也得到了类似的规则。

　　孟德尔意识到，如果有一个"遗传的单位"的话，他的数据就能被理解，他称之为"遗传因子"（gene），每一个子代都有一个这样的单位分别来自各个亲代。如果亲代双方贡献了相同的指令，例如，"长高"的遗传因子，那就没有问题。如果遗传因子的指示有矛盾，例如，一个是"长高"，另一个是"长矮"，那么其中之一的遗传因子会"获胜"。这种遗传因子被认为是"显性"的。上面给出的例子中，例如高的遗传因子是显性的，因为所有的第一代植株都高大，即使它们从一个亲代那接收一个矮的遗传因子。矮的遗传因子是"隐性"的。它也在一起起作用，但在生物学家的语言中将之称为它不"表达"。因此，每一个第一子代都带有"高"和"矮"的遗传因子，我们用（Ts）来代表它们，如果我们把第一子代交叉培植，那么将可能在第二子代中出现的遗传因子组合如下：

96

　　（TT）

　　（Ts）

（sT）

（ss）

这四种可能的遗传因子组合中,前三种会产生高大的植株,只有最后一种会产生矮的植株。因此,遗传由遗传因子控制并遵守上述规则的假设解释了之所以 3/4 的第二代植物高大的实验观察结果。其余孟德尔的结果也能得出类似的解释。

孟德尔向布尔诺博物学学会（Brno Natural History Society）提交了他的结果,而且确实在他们的学会杂志上发表了。随之而来的是发生在科学史上的奇怪事件之一。在长达半个世纪的时期内,在欧洲的图书馆里这些期刊被冷落了,无人问津,这时孟德尔只得耗费他的余生管理他的修道院。19 世纪末期,两位研究遗传的科学家——荷兰遗传学家雨果·德·弗里斯（Hugo de Vries）和德国植物学家卡尔·科伦斯（Carl Correns）——他们不只是独立地重复了一些孟德尔的原创结果,而且发现了他的原始论文并让这些引起了科学界的注意。主要是因为这些人的正直人品,我们现在才能明白孟德尔在我们关于生命系统运作知识中发挥的重要作用。

关于孟德尔的遗传学还有一点要阐述。对于孟德尔来说,遗传因子是一种智力构想——一些有助于解释他研究结果的东西。对于我们来说,如我们将在第十章看到的,这是不同的东西。今天,我们把遗传因子看作真正的有形物体——DNA 分子上的一个可延展的原子序列。在某种意义上说,从构想到具体物体的过渡正是 20 世纪生物学的故事。

## 细胞转向

正如我们上面所说的,注意力从生物体转移到细胞是一个渐进的过程,涉及几个世纪以来的许多不同的科学家。英国科学家罗伯特·胡克（Robert Hooke,1635—1703 年）是艾萨克·牛顿的同时代人,他 1665 年使用一种粗糙的显微镜察看软木的切片时首次发现细胞。显然,他看到软木被分解成小隔间,使他想到了修道院的僧侣小屋,这导致他给这一结构起了目前细胞这一名称。最初在显微镜下看到活细胞是在 1674 年,荷兰科学家安东尼·范·列文虎克(Anthony van Leeuwenhoek,1632—1723 年)在水滴中看到了移动的"微生物"。普遍认为法国医生和生理学家亨利·杜托息(Henri Dutrochet,1776—1842 年)指出了细胞是所有生命系统中的基本构造。

至此,我们可以为细胞转向的开始指定一个象征性的日期,这就是 1837 年马蒂亚斯·施莱登和泰奥多尔·施旺之间的一次晚餐时间。施莱登受过成为律师的教育,但他在植物学方面的兴趣很快为他赢得了在耶拿大学的教授职位。施旺主攻医学,但他作为助理进入柏林的一个博物馆从事研究工作(他后来胜任了许多有名望的学术职务)。两人都对细胞作了大量的显微镜观察研究——施莱登研究植物细胞,施旺研究动物细胞。在晚餐谈话时,他们意识到两者之间的研究有重要的相似之处,这一认识被迅速地公开发表,声称所有生物都是由可以再生的细胞和细胞衍生物组成的。后来鲁道夫·魏尔啸(Rudolph Virchow,1821—1902 年)补充陈述,所有细胞都由已有细胞分裂产生,这一声明建立了细胞学说的基础。

这一发展的重要性很难不被夸大。历史上第一次,科学家们考察生命系统时就像对已知的物理和化学的规律的证明,而不是对一些神秘的"生命力"的表达。当路易·巴斯德的实验(如下所述)明确提出了生命不是自发产生的,而是来自已有的生命体,这就奠定了像对待任何其他科学分支一样来研究生物学的基础。正如我们将在第十章中看到的,这一想法与我们目前了解的生命分子基础之间有直接的联系。

## 路易·巴斯德

没有科学家在细胞转向过程中比路易·巴斯德更具代表性,他在很多方面被后人所崇敬。全世界有很多街道、建筑物、科研院都以他的名字命名。排在这份名单前列的,我们注意到在电视剧《星际迷航:下一代》(Star Trek:The Next Generation)的最后一幕中,美国星际飞船"巴斯德号"(Pasteur)起着突出的作用。这个人究竟做了什么赢得了这般的认同?

路斯·巴斯德出生在法国东南部的工人阶级家庭,但他的才华很快被人认可,他受到了法国能提供的最好教育。经过短暂的研究晶体的时期,巴斯德把注意力转向了现在所谓的疾病微生物理论——无可争辩地对后代的最大贡献所在。

19 世纪中叶,自发生长理论——生命可以自发地从非生命物质中来的想法——仍然非常活跃。1668 年开始,戳穿这一想法的实验设计曾有过悠久的历史。在这一年,弗朗切斯科·雷迪(Francesco Redi)表明,如果苍蝇与腐肉隔绝(例如,把肉放在纱布下或放在瓶中),那么就不会产生蛆。这表明,蛆不会自发地从肉中产生,而是来自苍蝇产的卵。然而,反对自发产生理论的证据是零碎的,这一问题遗留给了巴斯德,在 1859 年,他提供了最终的全方位证据。他把已彻底煮沸的肉汤放入有着过滤器或弯曲的长颈的细颈瓶中,以防止灰尘进入。他发现,在被隔离的浓汤中没有生长任何东西,而暴露在空气中的肉汤则迅速变质。

巴斯德的结论是,肉汤的变质是空气中的生物造成的,它们很可能依附在极小的灰尘微粒上。污染物不是肉汤本身产生的,换句话说,而是(在现代语言中)微生物从外界带来的。如果这是对浓汤的正确解释,那么看到其对人类感染和传染病的适用性就近在咫尺了。在本质上,这是疾病的细菌理论。虽然巴斯德不是第一个提出这一理论,但是第一个用强有力的实验证据来证明它的人。

巴斯德工作的社会影响是直接和巨大的。1862 年,他与他的同事克劳德·伯尔纳(Claude Bernard,1813—1878 年)一起证明了如果加热牛奶的话,牛奶中的细菌会被杀死。这一过程被称为"巴氏消毒法",现在人们已经普遍使用这一方法使乳制品能够被安全食用。巴斯德还建议,如果避免微生物进入人体的话,许多疾病是可以阻止的。英国外科医生约瑟夫·李斯特(Joseph Lister,1827—1912 年)阅读了巴斯德的论文后,开始尝试使用化学防腐剂来防止外科感染。他于 1867 年发表了他的结果,他的技术被广泛转用。因此,无菌手术室的概念,与其说是现代医学的一部分,不如说是巴斯德的疾病细菌理论工作的另一个成果。

后来,巴斯德在今天被称为免疫学的领域进行研究。他意外地通过削弱细菌毒性发现了免疫过程。当时,他正在研究鸡霍乱的传播,并让助手给一些鸡接种一个细菌样本,而他(巴斯德)去度假了。助理并没有这样做,细菌开始死亡。当鸡接种到这些毒性减弱的样本后,它们生病了,但没有死。之后,在这些特定的鸡身上接种全强度的细菌不会产生疾病——今天,我们认识到,首先接种会引发免疫反应,使它们能够击退全面感染。

虽然众所周知这项技术对天花起作用,巴斯德却迅速将其应用到治疗炭疽和狂犬病中。下一次医生为提高你的免疫功能给你注射时,你可以向这位伟大的法国科学家致以无声的谢意。

那么,巴斯德所做的就是严肃对待了细胞转向,并认为世界上充满了能够导致疾病和腐烂的看不见的生物。这一观点见证了我们刚刚讨论的所有好处,我们现在对这些好处已经习以为常。毋庸置疑,这名男子值得拥有以他的名字命名来向他致意的星舰!

99

## 查尔斯·达尔文和进化论

查尔斯·达尔文出生于一个杰出而富裕的家庭。他的祖父伊拉斯谟斯·达尔文(Erasmus Darwin)曾是著名的医生和哲学家,他的父亲也是一名医生。年轻的查尔斯被送到了爱丁堡的医学院,但事实证明他晕血——现在,成为他不走医学道路的有力证据。然后他的父亲送他到剑桥大学学习神学,希望他从事牧师的工作。然而,在大学里,达尔文结识了植物学家和博物学家约翰·亨斯洛(John Henslow),并迅速开始对研究自然世界感兴趣。

在那些日子里,英国的海上力量称霸世界,并大力参与海洋探索事业。名为"小猎犬"(Beagle)的船只提供给亨斯洛担任博物学家的职务,这一船舶计划在南半球进行一次远洋航行。他决定不接受这一职务,但推荐了刚毕业的达尔文,认为达尔文对于这个职务来说是一位出色的候选人。达尔文就这样开始了科学史上最重要的发现之旅之一。

当"小猎犬"号绕南美洲航行时,达尔文收集了地质和生物标本。虽然加拉帕戈斯群岛(Galapagos Islands)是重要的停靠港,距秘鲁西部一千英里,但直到后来才变得赫赫有名。事实上,"达尔文雀"与"牛顿的苹果"一起成为科学的逸事,也就是说看似普通的事件却导致了科学的非凡进步。

一些背景知识:19世纪初,关于世界上生物类型多样性的标准解释是每个物种都是由上帝以其目前的形式专门创造的,自地球(相对短暂的)有史以来从未改变过。这是达尔文受到过的教育。然而在加拉帕戈斯群岛,他发现这些雀类明显密切相关,但又显然是不一样的。达尔文想知道,为什么造物主会不厌其烦地创造出几十种如此相似却又如此不同的物种呢?

回到英国后,达尔文花了几十年,通过研究如藤壶和蚯蚓之类的生物来发展他的观点和赢得自己作为一个博物学家的声誉。在此期间,他慢慢地发展出了以下要讨论的有关自然选择的思想。他计划写一部多卷本的巨著来阐述他研究自然世界得出的新观点。1858年,达尔文收到一封来自现在被称为印度尼西亚的名为亨利·拉塞尔·华莱士(Henry Russell Wallace)的青年博物学家的信,这对他来说是相当大的震惊。在本质上,华莱士提出了关于自然选择的同样观点,而这种观点是达尔文通过几十年的研究发展出来的。达尔文很快写了一封信,总结了他的观点,并且在英国皇家学会的会议上朗读了他和华莱士的信件,然后开始着手撰写工作,他自己无疑认为只是简要地总结了他的想法。结果就是1859年的《物种起源》(*The Origin of Species*)的出版,这无疑是史上最有影响力的科学著作。

达尔文的论点以我们众所周知的事实为开始,那就是,千百年来植物和动物的培育者都知道精心选择亲代能够改善子代品种的特性。一位鸽子饲养员谈到如何在一个相对较短的时间培育了数量惊人的各种鸟类。这个过程中,人类凭着有意识的选择,改变了物种的特性,被称为人工选择。事实上,它的工作原理意味着这里必须存在一个机制,按照这一机制,亲代的特点传递给子代。

重要的是要理解,虽然达尔文和他的同时代人都知道有这样的机制存在,但他们不知道这一机制实际上是怎样的。这是具有讽刺意味的,因为正如我们上文指出的,孟德尔遗传因子的工作已经完成了,但是在图书馆里被忽视掉。虽然批评者们指责达尔文没能成功地解释这个机制,但进化理论的发展真的不需要知道遗传的机制是什么——只是知道它存在就够了。

在这种背景下,达尔文继续问了这样一个问题,这个问题在回顾过去时是很容易产生的,但只有天才才能第一次提出来。他问,在自然界是否可能有一个机制,无需人工干预或意图干预,也能产生与人工选择相同的结果? 换句话说,是否存在一个我们可以称之为"物竞天择"的机制?

对于达尔文这个问题的肯定答案取决于两个关于自然的简单事实:

1. *种群中存在变种;*
2. *个体之间必须为稀缺资源进行竞争。*

在一个特定的种群中,每个个体的能力和特点都会有所不同。今天,我们知道这与基因和 DNA 有关,但在达尔文看来,重要的是明显存在着差别。有些动物能比其他动物跑得更快,有些有更多的皮毛,有些有更有利的着色,等等。根据环境的不同,这些特点都可能表现出竞争的优势,使生物能长寿到足以繁殖并把自己的特性"遗传"给后代(注意在现代语言中,我们将谈到传递基因)。例如,跑得快的兔子会在有捕食者的环境中有生存优势。因此,在现代语言中,兔子的下一代将比第一代有更多更快的基因,仅仅是因为跑得更快的兔子更多地存活到足以繁殖的年龄。这一进程将一代代延续下去,每一代比前一代有更多的个体拥有这些基因。简而言之,这是自然选择。在达尔文看来,小的变化累积最终产生了不同的物种——因此有了他的书的标题。

关于《物种起源》有几点需要指出。首先,如上所述,达尔文的说法缺乏一个关键因素——对性状如何从一代传到下一代的理解。正如我们将在第十章中看到的,从孟德尔遗传学到现代分子生物学与达尔文的进化论相结合产生的现代进化论,经历了半个多世纪。

其次,达尔文有意识地避开讨论人类的进化。这在一定程度上因为他意识到,把人类包括在进化框架之内与他那个时代的宗教制度冲突,还有一部分原因是他担心会惹怒作为一名虔诚基督徒的妻子。事实上,直到1871 年,他才咬紧牙关发表了《人类的由来》(*Descent of Man*),把人类包

101

含进进化的框架。当然,这一包含在美国是科学家和宗教激进主义者自从那时以来直到现在的主要争论点。

但有一点是明确的。在它的现代形式中,进化论是以生命科学和医学为基础的。它把这些领域在概念上捆绑在一起,为其提供一种智力的上层建筑。就像许多科学家们指出的,没有进化,生命科学领域内的一切都毫无意义。虽然科学家之间可能在理论的具体细节上存在争论,但没有人在它是否为我们星球上生命的发展提供了可靠的指南这一点上提出争议。

## 对达尔文的反应

与哥白尼的情况一样,达尔文推出的革命性的概念也激起了长期和经常是充满恨意的辩论。我们可以找出两个主要的冲突领域。首先,有人既在历史上,也在当代曲解达尔文的理论,使之延伸到特定的领域;其次,上文提到的与宗教组织的冲突。让我们分别讨论。

可能对达尔文最令人震惊的误解是后来被称为"社会达尔文主义"理论的兴起。这一理论是英国工程师和哲学家赫伯特·斯宾塞(Herbert Spencer,1820—1903 年)确定的,这一哲学理念的基本看法是,把达尔文的"适者生存"(这一短语达尔文从来没有使用过,直到斯宾塞将其普及)应用于维多利亚时期的社会结构。社会达尔文主义的基本前提(全然是不正确的):

102
    1. 进化论暗示着进步;

    2. 物竞天择说适用于社会;

    3. "较低端的社会秩序"代表进化的早期阶段。

"适者"是指那些在社会上层的人,因为在某种意义上,他们已经赢得了进化的战斗,社会达尔文主义者认为通过政府行为试图改变这一事实是毫无意义的。

真的很难知道从哪里开始批评这些满是错误的论点。在达尔文的理论中,最基本的层面上,"适者"指的是下一代成功得到基因,而不是得到金钱或社会地位。它适用于个人（或者,更确切地说是他们的基因）,而不适用于群体或社会。因此,上述最后两项原则只是对达尔文理论的曲解。

谈论"进步"的概念有点困难,事实上,在一些现代的著作中,我们仍在其过程中。如果你出生在 19 世纪中叶,看到的技术进步,如铁路、电报和电灯,那就不难相信进步的必然性了。20 世纪得到了矫正性的经验教训,阿道夫·希特勒等人证明了技术进步并不一定为人类造福,这些仍然会在不远的将来有所体现。在斯宾塞的时代,你可能会说,进步是"悬而未决"的。

有道理,但在达尔文这呢? 片刻的思考可能说服你,在达尔文的理论中绝对没有暗示"进步"。生物体应对的不断变化的环境是没有目标或尽头的。唯一有意义的是存活足够长的时间来传递基因。事实上（例如）有 20 多个种类的"人"在过去灭绝了,只有一个（我们）存活到现在,这就证明了进化游戏就像是掷骰子到平滑上升的斜坡上一样。检查几乎任何物种的化石记录,你都会看到同样的事情——每个物种都是蹒跚前行,跌跌撞撞,直到终于完成进化。

对达尔文理论的现代误解没社会达尔文主义那么令人震惊,而且危害也较小。主要是在流行杂志中,一些分析通常始于天真地解释一些达尔文的原则,并尝试利用从中得出的人类行为的教训。因此,我们有了"进化"的节食、"进化心理学",甚至（上帝帮助我们!）"进化"的婚姻咨询。这些方法大部分都犯了哲学家称之为"应然谬误"（is-ought fallacy）的错误。事实中包含的这一谬误揭示出用一定方式表现出的本性行为并不意味着人类也应该这样做。例如,一些雄猴杀死其他雄性的后代以增加自己的生殖成功率。不用说,没有人会认为人类也应该这样做。

达尔文理论激起的宗教问题围绕主要的西方宗教——基督教和犹太教——《创世记》中的造物传说看起来与《物种起源》中阐述的大相径庭。说到这,我必须指出,犹太教、天主教和新教的主流神学家早就与达尔文达成了妥协。然而,在美国,一个由激进主义新教徒组成的喧嚣团体仍然对此保持激进态度,他们试图把传统的创世学说引入公立学校的教学。这些尝试不约而同地受到了质疑,并在法庭上被挫败。

所有这些诉讼案件的核心问题是美国宪法的第一修正案,"禁止国会制订任何法律以确立国教。"法院一致裁决——最近一次是在 2005 年——试图把圣经故事纳入学校课程,实际上,很可能是在科学的幌子下试图引入宗教教义。

## 小 结

如果我们在生命科学领域作出在物理方面同样的实践,通过比较 1900 年和 1800 年的生活,我们得到一个稍微不同的结果。可以肯定的是,在日常生活中,由于生物学的进步产生了重要的实际变化,其中大多数都与疾病的细菌理论有关。不过,更重要的是科学家在看待生物系统的方式上有深刻的转变。科学家不再把它们单独分开来看,也没有使其与万物的其余部分不同,它们已然成为科学研究的合理对象。我们将看到,这种转变一直延续到 21 世纪,可以被看作今天的生物技术革命的背后推动力。让我们来分别看看这两个效果,一个是实际效果,一个是思想上的效果。

我们已经讨论了疾病的细菌理论的几个重要产品——巴氏杀菌法、无菌手术、疫苗。然而,更重要的是,越来越多的对微生物的意识导致人们开始思考今天被称为公众卫生的问题。1854 年,英国医生约翰·斯诺(John Snow,1813—1858 年)发现伦敦的霍乱疫情是由公共水源受到污染引起的。在那之前,人们曾认为,如果水看起来清澈,就适合饮用。有可能是无形的生物体引起疾病这一观念最终导致我们开始使用对水进行净化和废物处理的现代方法,这一发展多年来挽救了无数人的生命。

19 世纪的思想转变来自两方面。第一,我们称之为细胞转向,涉及对生物体(包括人类)的认识,它们和宇宙中的其他对象没有什么不同,可以用正常的化学和物理技术来研究。第二部分与达尔文有关,指认识物竞天择的规律可以解释地球上生物的发展历史。从许多方面来说,人们接受这两个转变是更为困难的,因为它们似乎从某种意义上否认了人类是独一无二的。正如我们上面提到的,最主要的宗教思想家现在已经与达尔文理论达成妥协,但在进化过程中的盲目性和无目的性仍然是一个值得多方面关注的问题。

# 第九章

## 20世纪的自然科学

19世纪末,科学方法已应用到物质世界许多方面的研究中。例如,在物理学中有三个深入研究的领域:力学(运动的科学)、热力学(热量和能量的科学)以及电磁学。这三个领域,现在被统称为"经典物理学",它们一同为描述艾萨克·牛顿曾研究的日常世界做了出色的工作——在这一世界中,常规大小的物体以常规速度运动着。

正如我们在第七章中所看到的,19世纪经典物理学的蓬勃发展对普通百姓的生活影响巨大,为人们带来了从电报到商业用电等领域的进步。20世纪的科学进步同样也不断地改变着人类的生活方式,互相沟通的方式,还有产生能量的方式。在本章中,我们将着眼于导致例如互联网和核电这些出现的物理科学中的进步,而在接下来的章节中,我们将着眼于在生命科学领域的平行进展。

20世纪之交,新的实验结果指向一个将被探索的全新世界——原子内部的世界。此外,1905年瑞士专利局一名不起眼的办事员阿尔伯特·爱因斯坦发表了一篇卓绝的论文,这篇文章开启了艾萨克·牛顿从来没有想过的另一个研究领域——这一领域中的物体以接近光速运动。几十年后尘埃落定,两个新的科学领域诞生——描述原子世界的相对论和量子力学理论。

在谈到20世纪初的这两个发展时,把它们称作"革命"是很正常的,它们确实是革命性的,而且,在某种意义上说,可以称它们"取代了"牛顿的科学,但它们肯定没能取代后者。要理解这种说法,我们必须回到第一章,回忆起所有的科学都建立在观察和实验的基础上。整座经典物理学的大厦都是建立在观察常规世界的基础上的——所谓常规的世界就是我们称之为常规大小的物体以常规的速度运动的世界。经典物理学为符合实验基础的世界服务——这就是为什么我们仍然教给毕业后从事设计桥梁和飞机的学生牛顿力学的原因。

然而,高速运动的原子世界是没有包括在牛顿的实验基础之内的,也没有理由期望它们能通过类似的规律被管辖。乍看之下似乎很奇怪,那就是我们将会发现事实上宇宙的这些领域都是被规律支配的。这是因为我们对于世界应该如何工作的直觉是建立在牛顿世界的经验基础上的。事实上,大多数人首次遇到相对论和量子力学的反应是持怀疑态度——"不可能是这样!"需要一段时间才能适应这一事实,那就是宇宙中的某些部分与我们熟悉的世界是不一样的。然而,如果你将相对论和量子力学运用到台球和其他熟悉的事物上,这种新规律在对比之下能显示出牛顿定律的好处,这应该可以起到一定的安慰作用。

然而,就算这些新规律可能会让你觉得奇怪,但你必须记住,每次你打开电脑或使用手机的时候都在使用量子力学的规律,每一次使用 GPS 导航系统(例如,在你汽车里的导航系统)你都在使用相对论的规律。这些规律可能确实对你来说是陌生的,但它们已经是你生活的一部分了。

对 20 世纪的物理科学作了一番综述后,让我们开启一个新的科学讨论。为方便教学,我们将从讨论相对论开始。

## 相对论

介绍相对论概念的最简单的方式是思考一个简单的实验。想象一个朋友是在街上汽车里的乘客。当汽车与你相遇时,你的朋友向空中抛出一个球,并在它下落的时候抓住它。你的朋友看到的球是直上直下的,而你会看到球在做曲线运动。如果我让你们两个来形容你们所看到的,那么你们对于球会有不同的描述。在物理学的术语中,你对事件的描述将取决于你的"参照系"。

然而，假设我问了一个不同的问题。我不是要求你们描述这一事件，而是让你们找到支配这一事件的自然规律。在这种情况下，你们会不约而同地用牛顿运动定律回答我。换句话说，由于参照系的不同，对事件的描述可能会有所不同，但是自然规律是不变的。这就是所谓的相对论原理，这一原理的书面表达是：

> 所有自然规律都只在参照系内起作用。

巧合的是，牛顿定律的数学结构了保证这一原理在牛顿世界的有效性。

在我们继续讨论之前，让我先作一个历史注解。爱因斯坦在 1905 年发表的论文只解决了做匀速运动（即体系内的物体不加速）的参照系的问题。如果我们以这种方式限制这一原则，就被称为"狭义相对论"。依此类推，适用于无论是变速或匀速的所有参照系的原则，就被称为"广义相对论"。事实上，从狭义相对论到广义相对论花费了爱因斯坦十多年的时间，后来他在 1916 年发表了这一成果。

爱因斯坦解决的问题与麦克斯韦方程组预言电磁波的存在有关，就是我们在第七章中提过的。这一预测部分声明了这些波如何快速运动——我们习惯上用"光速"来对其量化，用字母"c"来表示。因此，光速成为自然规律的一部分，如果相对论是真实的，那么在所有的参照系中一定都是相同的。

这种说法如此至关重要，以至于它被提出时就与相对论一起经常被作为第二个基本条件。然而，光速在所有的参照系中一定相同的这一事实导致了一个根本性的问题。看待这一问题的最简单的方法是再次回想你的朋友在正在行驶的汽车中。现在试想，你的朋友有一个手电筒，而不是一个球，你俩同时估算它发出的光的速度。当然，你的朋友将获得"光速"，但是，如果相对论是正确的，你也一样会得到这一结果；如果你没有，就说明麦克斯韦方程组作为参照系在你这与汽车上是不同的。乍看之下，你测量到速度为"光速"，而不是"光速加汽车的速度"的事实其实是没有意义的。

走出这种困境的方法有三种：

1. 相对论（因此牛顿力学）是错误的；
2. 麦克斯韦方程组是错误的；
3. 我们的速度概念是错误的。

前两个选项已经在理论和实验中被证明不可能是正解。爱因斯坦着眼于第三个选项。我们的想法是这样的：当我们谈到速度，我们指的是一个物体在一定的时间内行驶一定的距离。因此，当我们处理速度时，我们实际上是在处理空间和时间的基本概念。他提问，如果我们假设牛顿和麦克斯韦都是正确的，那么在这些概念上发生了什么？

据有关科学的逸事，某天晚上，爱因斯坦打算从专利局乘有轨电车回家，在这天晚上他邂逅了相对论。他看着塔上的时钟意识到，如果他的有轨电车以光速行驶，那么对于他来说时钟是停止的。换句话说，时间似乎依赖于观察者的参照系。由于相对论告诉我们所有观察者在某种意义上都是平等的，这意味着有可能没有普遍的时间——没有所谓在"上帝之眼"的参照系中时间是正确的一说。这也许是爱因斯坦和牛顿之间最根本的区别。

获知狭义相对论的结果是相当简单的，只略复杂于高中代数和勾股定理。结果不是关于牛顿的直觉告诉我们应该是什么，而是已被自1905年以来的大量的实验所验证。它们分别是：

运动的时钟比相同的静止的时钟慢；

运动的物体在其运动的方向上长度收缩；

运动的物体比相同的静止的物体质量更大。

$E=mc^2$

对于这些结果的第一反应往往是，当爱因斯坦的时钟停止的时候，事实上它是"真的"以通常的方式与时间保持了一致。这是一个可以理解的角度，但它严重违反了相对论原理。实际上，有一个特别的参照系来证明时间是"正确的",这是一个享有特权的参照系,其中的自然法则是正确的。推而广之,这意味着其他框架衍生的规律是错误的,与这一原理直接矛盾,更不用提其有着一个世纪的实验价值。

如上所述,爱因斯坦花费了十多年延伸相对论到所有的参照系,其中包括那些涉及加速运动的领域。原因涉及数学的复杂性。与高中代数不同,它涉及一个叫做微分几何的领域,这一领域在爱因斯坦使用它时的几年前刚刚被发展出来。无论如何,最重要的是我们了解广义相对论对我们来说仍然是对于重力的最佳解释。

你可以想象一下,爱因斯坦接近重力的方式,就像是一块拉直的橡胶板,然后被标上空间坐标。现在想象一下,在这个板上落下一个重物,例如保龄球,那么重量就扭曲了橡胶板。如果你现在让大理石弹珠在这块扭曲的板上滚动,其路径将随这一扭曲而改变。

在广义相对论中,时空结构就像是这块橡胶板,被物质的存在扭曲,这种扭曲进而改变物质在其附近的运动。举例说,当牛顿按照重力和万有引力定律描述地球和太阳之间的相互作用时,爱因斯坦用空间和时间的几何学扭曲描述了同样的事情。这种思考重力的方式在描述外部物质时取得了很大成功,像黑洞之类,但就像我们将在第十二章中看到的,这与现代理论中描述其他自然力量的方式大相径庭。

## 量子力学

"量子"(quantum)这个词在拉丁语里是指"堆"(heap)或"束"(bundle),"力学"是对运动科学的古老称呼。因此,量子力学是专门研究呈束状的物体运动的一个科学分支。到 19 世纪末,这样的理论会用来描述原子的内部世界,且已成为明显的趋势。电子的发现显示原子是不可分割的,就像希腊人假设的那样,但由一些成分组成。而这,当然意味着原子结构的研究会成为科学研究的适当领域。

开创这一新领域的最杰出的人物是玛丽·斯克沃多夫斯卡·居里(Marie Sklodowka Curie,1867—1934 年)。她的出生地现属波兰,她的家庭因为支持波兰独立运动而遭不幸,她最终前往巴黎,通过自身的努力在索邦大学成为了讲师。她嫁给了皮埃尔·居里教授,他们开始了新发现的放射性现象研究。作为她博士论文的研究的一部分,玛丽确定了放射性事实上与原子的性能有关,而不是像有些人辩称的与物质的体积、性质有关。从某种意义上说,这一结果开启了后来的称为核物理的领域。然后她和皮埃尔转向研究含有放射性物质的矿石(实际上,他们创造了"放射性"一词),并分离出两个新元素——钋(以她的祖国名字命名)和镭。为此,他们荣获了1903年的诺贝尔物理学奖。她是第一位获此殊荣的女性。

令人悲痛的是,皮埃尔在1906年的交通意外中丧生。玛丽自己接管了实验室,最终成为索邦大学的第一位女教授。1911年,她由于在镭及其化合物的开创性研究工作获得了第二个诺贝尔奖(化学领域)。她是唯一两个不同学科的诺贝尔奖得主。后来,她像爱因斯坦一样成为了国际名人,并两次前往美国筹集资金来维持她的研究。

居里的放射性研究和汤普森对电子的发现清楚地表明原子不是一个如约翰·道尔顿想象的毫无特色的"保龄球",而是有内部结构。新西兰出生的物理学家欧内斯特·卢瑟福(Ernest Rutherford,1871—1937年)在1911年进行了一系列实验,阐明了这种结构。顺便说一句,我们应该注意到卢瑟福的独一无二,因为他做的最重要的工作是在他获得诺贝尔奖之后(1908年,他因为确定了一种放射物的类型获得了诺贝尔化学奖)。他在英国曼彻斯特大学工作,并创立了一个实验,用放射性衰变发射的粒子(把它们称为微小的亚原子子弹)直接轰击金箔,以分散金原子。绝大部分的"子弹"直接透过或通过小角度散射开来,但一个小数目,约千分之一,向反方向弹出。对此的唯一解释是绝大部分的原子结构紧凑地集中在一起,卢瑟福称电子集中分布在原子核周围的轨道上。这种轨道电子的形象非常常见,并已成为一种文化符号。

关于卢瑟福的发现,最令人吃惊的事情是原子的空虚。例如,一个碳原子的原子核若像一个在你面前的保龄球,那么电子将是六粒沙子散落在你所在的郡县,其他一切都是空的!

因此,到 20 世纪 20 年代,已经有了一个明确的原子实验图片。在此期间,理论前沿也有了重要的变化。1900 年,德国物理学家马克斯·普朗克(Max Planck,1858—1947 年)研究了一个涉及电磁辐射与物质相互作用的复杂问题,发现解决问题的唯一途径是假设原子能够吸收和排放离散束辐射——他把其称为"量子"。换句话说,一个原子可以发出一或两个单位的能量,但不是 1.35 个单位。这个假设可能解决普朗克的问题了,但它违背了牛顿的基本原理——麦克斯韦看世界的基本思路。普朗克对此非常厌恶——的确,他把对量子的接纳称为"绝望的行为"。不过,他的 1900 年的论文被普遍认为是量子力学的开始。

1905 年爱因斯坦延伸了普朗克的观点,他认为原子不仅可以发射和吸收量子辐射,而且辐射本身就是束状的(现在它们被称为"光子")。他用这种想法来解释光电效应,那就是金属电子撞击产生光线。有趣的是,正是这篇论文,而不是相对论,让爱因斯坦在 1921 年获得了诺贝尔奖。

之后,1913 年,丹麦物理学家尼尔斯·玻尔(Niels Bohr,1885—1962 年)把量子化的观点应用于电子轨道,显示出如果这些轨道存在于距原子核一定的范围内,原子的许多性能是可以被解释的(对于行家,我会提到玻尔假设轨道电子的角动量是量子化的)。这意味着,不像太阳系中行星在任何距离只要有恰当的速率就能环绕太阳,电子被限制只能在一定的距离环绕原子核轨道,并不能在"被允许的轨道"之间的任何地方存在。由于这项工作,玻尔在 1922 年获得诺贝尔奖。

后来,到 20 世纪 20 年代,人们越来越清楚地知道亚原子世界的一切都以小束状态运动,或者,在物理学的术语中叫"量化"。这时候成立了一个相当杰出的由年轻物理学家组成的团体,主要是德国人,以宽松的组织形式围绕在玻尔在哥本哈根成立的一个研究所的周围(哥本哈根学派——译者注)。他们创造了量子力学,并永远改变人类观察宇宙的方式。从对太空的兴趣出发,我们将只讨论这一团体中的两个人——维尔纳·海森堡(Werner Heisenberg,1910—1976 年)和埃尔温·薛定谔(Erwin Schrodinger,1887—1961 年)。

海森堡是一个热情的德国爱国者,这一点我们将在稍后提及。他在量子力学方面的主要贡献被称为"海森堡不确定性原理"（Heisenberg Uncertainty Principle）。它基本上是阐述一些物理量，例如，一个粒子的位置和速度，在原则上不可能同时具有确定的数值。原因很简单：在量子世界，观察一个物体的唯一方法是使一个量子物体从另一个量子物体中逸出，这种相互作用会改变观察对象。换句话说，如果不改变量子对象，就无法对其进行观察。这就使得量子世界根本不同于我们熟悉的牛顿世界，在后者中，观察不影响被观察的对象，例如，不会只是因为你观察桌子，它就会产生变化。

有一个比喻可以帮助你了解不确定性原理：设想你要在一条长长的隧道中找出是否有一辆汽车，你可以用的工具只有另一辆你能发送到隧道的车。你可以发送探测车听取撞击声，这肯定会告诉你隧道里有一辆汽车——如果你够聪明，你很可能发现它所在的位置。然而，你不能确定隧道里的汽车与你之前观察到的是一样的。从本质上讲，不确定性原理说明原子内部不能被熟悉的牛顿定律所描述，需要新的东西来解释。

当纳粹在德国掌权，海森堡面临着一个痛苦的抉择。他只能选择放弃自己的国家，或者留下来为他鄙视的政府服务（这一政府的宣传员把他称为"白色犹太人"）。最后，他选择留下来领导德国的原子能项目——一个类似于美国生产原子弹的"曼哈顿计划"的计划。然而，他专注于建造一个核反应堆，从未生产过武器。

1998年由迈克·弗莱恩（Michael Frayn）创作的名为《哥本哈根》（*Copenhagen*）的戏剧在伦敦上演，这一戏剧再次提及海森堡的战时活动问题。戏剧围绕1941年的会议，当时海森堡来到纳粹占领的哥本哈根，与玻尔讨论发展核武器的可能性。这两名男子似乎谈了半小时，然后愤然分开，后来不再理睬对方，尽管事实上他们曾有着几乎父子关系般的快乐时光。戏剧的结局中包袱被抖开，揭示了有关这一谈话的奥秘。海森堡实际上是在"非法地"与玻尔讨论我们所谓的机密情报，所以他说话含糊笼统。他真的很想在核武器问题上得到道德上的指引。玻尔并没有明白他年轻同事的谈话，所以发生了随后的争论。玻尔后来被秘密接出丹麦并加入了"曼哈顿计划"。

薛定谔是奥地利人,属于维也纳的犹太社区受过教育的上层阶级。1926 年,身为一位苏黎世教授的他发表了现在被称为"薛定谔方程"的理论。与海森堡发表的一个数学方面的等价理论一起,这个方程代表了一个思考物质行为的新激进途径。一个粒子,如运动的电子,被描绘成波浪状,而在牛顿的世界,我们会觉得像一个被扔出去的棒球——让人想起海上的潮汐。波所在的每一个点的高度都与概率相关,于是这一测量会显示电子是在这一点上。但是,这就是量子力学的伟大奥秘所在——作出测量前,电子所在的位置真的不能预测。这种看世界的方式,现在被称为"量子力学的哥本哈根解释",自 20 世纪 20 年代以来已经得到了很好的实验验证,尽管在我们看来似乎自相矛盾。1933 年薛定谔的工作为他赢得了诺贝尔奖。

1935 年,他竟然创制了一个场景来解释思考量子力学的古怪基本要义的方法,他发表的悖论被称为"薛定谔的猫"。他说,假设在一个封闭箱内有一只猫与一小瓶氢氰酸。进一步假设,里面还有一个放射性物质的原子连接着仪器,如果原子核发生衰变,它将会发射辐射,而辐射将会触发实验装置,放出毒气,从而杀死猫。根据"哥本哈根解释",没有测量之前,原子核的状态模糊不清,可能完整,也可能已经衰变。薛定谔问道,难道这意味着当我们打开箱子看时,猫是半死半活的吗?(我们没有时间去探究这个问题的大量文献,但我只提及,至少据我所知,这一悖论已经被解决了。)

与许多犹太科学家的情况一样,纳粹在德国的崛起给薛定谔制造了麻烦。普林斯顿大学为他提供了一个职位,但他没有接受——就像一个传记作家巧妙地描述,很可能是因为"他希望建造一所房子让他的妻子和情妇共存,可能出现了问题"。1940 年,他接受了为都柏林高等研究学院建立研究所的邀请,在那里继续他的事业。

我不能结束讨论这个量子力学的发展而不对其加以评论。当有人问我,而且我经常被问道,为什么美国在科学方面有如此大的优势?我说:"这一切都归功于一个人——阿道夫·希特勒。"从纳粹灾难中寻求避难的一大批科学家不断地丰富了我们自己的大学,并改变科学史的进程。

112

一旦量子力学得到发展，几个重要的事情便发生了。在基础研究领域，对亚原子世界的探测开始全力以赴。20世纪中期以后不久，物理学家发现了一个名副其实的粒子"动物园"，它们在原子核里度过了短暂的生命。字面上有数百个，而且它们被错误地标记为"基本粒子"。20世纪60年代，在元素周期表解释的奇怪重演中，理论物理学家发现如果它们根本不是"基本的"，那么"基本粒子"的明显复杂性是可以理解的，它们还由更基本的不同东西组成——这些东西被称为"夸克"（quarks）。这些思想的发展将在第十二章中探讨。

从具象一些的方面看，量子力学的发展引发了我们与现代信息革命相结合的一切事物，从电脑到苹果手机和相关的一切。所有这些设备都依赖于一个单一的装置——晶体管——它是1947年在贝尔实验室工作的三位科学家发明的。约翰·巴丁（John Bardeen）、沃尔特·布拉顿（Walter Brattain）和威廉·肖克利（William Shockely）制造了一个可控制的晶体管——它的大小相当于一个高尔夫球——后来成为整个现代电子工业的基础。他们1956年分享了诺贝尔奖。

从本质上讲，晶体管是用来控制电流的装置。它类似于水管的阀门。正如在阀门那里用少量的能量可以对管道中的水流产生大的作用一样，为晶体管提供少量的电流可以对通过整个电路的电流有很大的影响，而且晶体管本身也是电路的一部分。特别是它可以使电流开关自如，这一点使得晶体管成为处理数字信息的理想工具，这些数字信息通常由一些0和1的字符串表示。自1947年以来，晶体管的尺寸（以及制造它们的方法）已发生了深刻的变化。今天，制造商经常把数百万的晶体管放在一枚邮票大小的芯片上。这种微型化使现代信息社会成为可能，但重要的是，下一次你使用电脑或手机时要记住，这一切都依赖于量子力学的奇怪规律。

## 物理学家的战争

一些人认为第二次世界大战是物理学家的战争，因为物理学家对战争双方都作出巨大贡献。这样的事情有几个例子，包括雷达的发展，它帮助皇家空军赢得了不列颠之战,还有由麻省理工学院的科学家发明的近炸引信,当然,最触发科学家们联合的战时项目是发展原子弹的"曼哈顿计划"。

我要指出,科技进步与军事努力相结合不是什么新鲜事。例如,伽利略是威尼斯兵工厂的顾问,并做了一些他最重要的科研工作来找出如何按比例放大军舰的设计,还有,其一些研究抛物线运动的最早工作与研究炮弹的轨迹有关。然而,第二次世界大战标志着这种联合的转折,最终导致了现代电子化军队。

通向原子弹的道路通常被认为是从阿尔伯特·爱因斯坦和其他杰出的科学家们向富兰克林·罗斯福致信开始的,信中指出,质量通过相对论方程转换为能量可以开启制造一种新武器的可能性。此外,根据最近的出版物,他们警告,德国科学家正在开发这类设备。作为回应,美国承担了一项绝密的发展原子弹的研究计划,最终被称为"曼哈顿计划"。到20世纪40年代早期,该项目已经成长为一项庞大的事业,从业人员数超过10万(包括美国和英国最好的核物理学家),在美国和加拿大的30多个地点进行研究。这些实验室中最有名的是洛斯阿拉莫斯(Los Alamos)国家实验室,位于新墨西哥州的一个偏远地区。原子弹正是在这里被研制成功。

1945年7月16日,第一颗原子弹在新墨西哥州的沙漠地带爆炸——所谓的"三位一体"实验。1945年8月,在广岛和长崎投下的原子弹结束了第二次世界大战,并开启了原子能时代。关于决定使用这些武器的合法与否的辩论一直持续到今天。一方主张,虽然造成的伤亡是可怕的,但相比已经造成的要小得多,所以入侵日本是必要的;另一方主张,日本可能已经准备投降,那么攻击就是不必要的。对于它的价值,笔者个人的看法是大部分的证据都倾向于支持第一个主张。

第二次世界大战也是科学史上的一个关键事件,因为显示出物理学的能力后,主要工业国家的政府开始大规模地支持科研。许多我们所谈论的最新进展都是这种资金涌入的结果。

114

## 膨胀的宇宙

早在 20 世纪初期,天文学家之间对于他们通过望远镜看到的物体就有一个严肃的辩论。被称为"星云"(nebulae,拉丁语意为"云")的物质在最好的仪器观测下呈现为在天空中的模糊光斑。辩论围绕着星云是否为银河系的一部分,或处于其他"宇宙岛"(island universes)中——我们今天称之为星系。

解决这个问题需要两件事情:(1)一架更好的能够识别星云详细结构的望远镜;(2)一位能够使用它的科学家。幸运的是,20 世纪早期这两者都实现了。100 英寸口径更好的望远镜由实业家和慈善家亚历山大·卡内基建造在洛杉矶附近的威尔逊山。科学家则是一位了不起的人,名叫埃德温·哈勃(Edwin Hubble,1889—1953 年)。

哈勃在芝加哥郊区长大,后来在芝加哥大学求学,他在那里是一个明星运动员和优秀学生。作为罗德学者,他花了两年时间在牛津大学求学,在返回美国后尝试了很多工作,后来又回到大学获得了天文学博士学位。完成了学位后,在第一次世界大战中他自愿到军队服役,回来时已是陆军少校。1919 年,他退役加入了在威尔逊山工作的团队,承担了解释"星云"问题的工作。

重点是,有了新的望远镜,哈勃可以从星云中辨认出单个恒星。这具有重要的影响,因为在 19 世纪末期,哈佛大学天文学家亨里埃塔·勒维特(Henrietta Leavitt)已制订了计划探寻某一类"变星"(variable star)的距离。这些都是在数周或数月内有规律地亮和暗的恒星。勒维特已经证明,一颗恒星经历增亮和变暗的周期需要的时间越长,那么恒星的光亮就越大——也就是它向太空投掷的能量越多。通过把这一数目与我们实际上从恒星得来的能量相比较,我们可以判断它距离我们有多远。

哈勃的第一个重要发现是在几个星云中发现了勒维特的变星和确定这些恒星(星云也是)距地球数百万光年之遥。它们事实上是另外的"宇宙岛"。

但他有一个更重要的发现。天文学家早已经知道一些星云中原子发出的光转变为红色（长的波长）时也就是光谱的结束。这是一个被称为"多普勒效应"普遍现象的例子，基本上表明星云正离我们越来越远。哈勃能够做的就是把他关于每个星云距离的知识与星云以多快的速度远离我们（从红移取得的数据）的知识相结合，然后得出简单但是革命性的结论：我们生活的宇宙以这样一种方式在构建，那就是星系离我们越远，它退得就越快。宇宙，说穿了，正在膨胀！

这个简单的事实造成了一些重要的后果。其一，这意味着宇宙始于过去特定的时间——137亿年前，由最近的测量揭示。另外，它意味着当宇宙更年轻时，它更加呈扁平状，因此比现在温度更高。这一点将在我们第十一章讨论宇宙学和粒子物理学时显示出重要性。曾经用来既指初始事件，也包括随后的扩张和冷却的标准术语是"宇宙大爆炸"（Big Bang）。

说到这些，我们必须强调宇宙大爆炸不是像炮弹爆炸一样，碎片在太空中四散，而是太空本身的扩张。这里有一个比喻：想象你正在做葡萄干面包，你使用的是一种特殊的透明面团。如果你在面团膨胀的时候不增加葡萄干的数量，你会看到其他葡萄干离你远去，因为你和葡萄干之间的面团在膨胀。此外，若一个葡萄干离你三倍远，那么另一个葡萄干也会远离你三倍的距离，因为你与更远的葡萄干之间的面团多了三倍。如果你能想象葡萄干实际上是星系，那你看到的恰好是哈勃望远镜所看到的——宇宙的膨胀。就像在我们的类比中，葡萄干实际上没有穿过面团移动，哈勃的膨胀包含了太空本身的扩张带动了星系的移动，而不是在太空中移动。

事实上，宇宙越年轻，温度越高，意味着哈勃膨胀的早期，各组成部分之间的碰撞是更为猛烈的。所以，这意味着我们若重返那时，物质会分解成它原有的基本成分——从分子到原子，再到粒子，最后到夸克。因此，我们得到了惊人的结论，要研究我们知道的最大的事物——宇宙，我们必须去研究最细小的事物——基本粒子。我们将在第十一章回过来谈这个想法。

116

# 第十章

## 20世纪的生物学

第八章中，我们谈到了我们称之为"细胞转向"——生物学家的关注点从生物体转向组成生物体的细胞。这一本质上的趋势一直持续到20世纪，这一时期就开始研究在这些细胞内起作用的分子。我们将它称为"分子转向"，我们还将看到，它已经给我们看待生命系统的方式带来了根本性的转变。

正如20世纪物理科学的新发现改变了人们的方式生活一样，我们可以预期分子转向在21世纪的生物科学中有同样的作用。因为生物科学的进步比物理学的进步出现得晚，我们现在只是处在生物技术革命的开端，大概类似于在20世纪60年代信息革命时的情况。20世纪所发生的，很大程度上就是对生命系统在最基本的分子层面上运作方式方面知识的收获。正如我们将看到的，20世纪即将结束时白宫首次公布了对人类基因组的读取，以及绘制一份从受精卵到完整人的蓝图——一个不朽的成就。

虽然很明显，未来的生物技术革命将以我们现在无法想象的方式来改变人类的生活，但是我们已经开始在我们的日常经验中看到了它的效果。例如，大多数在美国种植的玉米、大豆和棉花等作物基因已经被改良过了，使其对害虫和各种商业除草剂产生了抵抗能力。然而，正如我们将在下一章看到的，人人都会预料到的医学的巨大进步在人类基因组的排序发现后会随之而来的目标尚未实现。原来，生命的过程比任何人以为的都要复杂得多，所以被称为"遗传医学"的这一目标的实现仍是未解之谜。

然后,在这一章中,我们将集中精力讨论科学家发掘生命的奥秘这一进程。

我想我们可以把的故事开头放在·19世纪,地点定为名为约翰内斯·弗里德里希·梅斯切尔(Johannes Friedrich Meischer, 1844—1895年)的瑞士化学家的实验室。梅斯切尔在研究白血球的时候分离出一种物质,他在1871年将其称为"核蛋白质"(nuclein),这一名称表明这一微粒是从细胞核中得来的。这一新发现没有吸引太多的眼球——因为核蛋白质只是当时许多被发现的分子微粒中的之一。梅斯切尔有些模糊的想法,认为核蛋白质可能参与了遗传问题,但当时的科学家认为遗传太过复杂,不可能由单个分子所支配。今天,我们认识到"核蛋白质"完全是DNA,是所有地球生物的核心分子。

## 作为生命分子的DNA

托马斯·亨特·摩尔根(Thomas Hunt Morgan, 1866—1945年)出生于肯塔基州一个杰出的家庭。他的父亲曾在西西里岛任外交领事,并参与过加里波第对意大利的统一。他的曾祖父正是弗朗西斯·斯科特·基(Francis Scott Key),为《星条旗》(Star Spangled Banner,美国国歌)的作曲家。1890年在约翰霍普金斯大学获得博士学位后,摩尔根在布尔茅尔学院(Bryn Mawr)待了一段时间,之后成为了哥伦比亚大学的教师。

1900年发生了一个重要的事件,是我们已经在第八章中讨论过的。这就是对孟德尔遗传学工作的重新发现,这一事件使许多科学家开始在分子层面上思考遗传学。说来也奇怪,摩尔根的职业生涯居然是从起初抵制一个概念开始的,那就是单个分子可以控制从一个单一的受精卵到成年的有机体的发展。摩尔根认为生物学在本质上是一门实验科学,他敌视关于孟德尔的"遗传因子"的模糊哲学讨论。解决他的困惑来自于一个最令人意想不到的出处。

如果你愿意的话,可以考虑下一般的果蝇,也就是黑腹果蝇(Drosophilia melanogaster,原文有误,应为"Drosophila melanogaster"——译者注)。与在他之前的孟德尔一样,摩尔根不得不为他的遗传学工作选择一个看似不太可能的模型。像孟德尔的豌豆一样,摩尔根的果蝇繁衍周期短——任何人都知道把水果放置不管直到它开始腐烂,那么果蝇会在短短几天内出现(事实上,成年果蝇以腐烂的水果上的霉菌为食)。此外,果蝇容易延续生命——给它们一个放着几块腐烂香蕉的罐子,它们就会愉快地繁殖。事实上,当你读到访问哥伦比亚大学的摩尔根实验室的逸事时,会发现最普遍的评论就是那里充满了香蕉的气味。

从眼睛的颜色(红色或白色)开始,摩尔根的团队开始追踪研究果蝇从一代到下一代的特点。他运气不错,他的实验室吸引了两个有才气的本科生。阿尔弗雷德·斯特蒂文特(Alfred Sturtevant)和卡尔文·布里奇斯(Calvin Bridges)后来继续成为了其终身的合作者和同事。他们发现,某些性状似乎沿"遗传谱系"(the lines of heredity)一起被保持下来,例如,白色的眼睛和有绒毛的翅膀。他们也知道,遗传中的关键事件是一个被称为"重组"的过程,在这一过程中,DNA 片段在母系和父系的染色体之间进行交换。当斯特蒂文特仍然是一个本科生的时候,有一天他对摩尔根说,他意识到性状组合从一代遗传到下一代的频率一定是衡量 DNA 控制这些性状的基因如何密切的尺度。

这里有一个比喻帮助你了解斯特蒂文特的见解:假设你有一张你所在州的公路图,你把它撕成了碎片,然后希望把这些碎片镶入另一张地图里。如果两个镇相距不远,那么它们很可能在同一块碎片上,而如果它们相距较远,它们将不太可能在同一块碎片上。同样,斯特蒂文特的理由是,DNA 上的两个距离接近的基因比相距远的基因更可能在重组过程中聚在一起。

基于这种认识,这一团队绘制了第一个粗略的果蝇基因组的遗传图谱,并确立了遗传学原理的原则:基因在 DNA 分子上以线性方式排列。

顺带提一下,我们应该注意到,摩尔根在 1933 年获得诺贝尔奖时与布里奇斯和斯特蒂文特一起分享了奖金,这样后两位就能支付其子女的大学学费了。

1952 年的一个著名的实验证实了 DNA,而不是一些其他分子携带遗传性的理论。阿尔弗雷德·赫尔希(Alfred Hershey,1908—1997 年)和他的同事玛莎·考尔斯·切斯(Martha Cowles Chase, 1927—2003 年)研究了一系列的被称为"噬菌体"(bacteriophages, "细菌食客")的病毒。这些病毒由一些被蛋白质薄膜包围的 DNA 组成。他们在两种不同的介质中培养细菌,一种含有放射性磷(这是 DNA 分子的一部分),另一种培养基中含有放射性硫(这是包含在病毒的蛋白外衣中的成分)。当病毒被用来攻击这两组细菌时,产生了两组不同的病毒——一种有 DNA 标记,另一种有蛋白质外壳标记。当这些病毒被用来攻击细菌时,研究表明,DNA 进入细菌的体内(繁殖在此发生),而蛋白质留在了外面。这表明,与一些科学家曾认为的相反,在细胞中,DNA 而不是蛋白质携带遗传信息。由于这项工作,赫尔希分享了 1969 年诺贝尔奖。

当然,最有名的涉及 DNA 的发展是 1953 年双螺旋结构的发现。但每一个伟大的发现之前都有着重要的工作,即使不太为人所知。当然在双螺旋结构的情况中也不例外。让我们在这里讨论一下其中的几个发展。

1909—1929 年间,在哥伦比亚大学工作的俄裔美国生物化学家菲伯斯·列文(Phoebus Levene, 1869—1940 年)确定了组成 DNA 的基本分子建模(我们将在下面讨论分子的实际结构)。这些建模是糖分,它含有 5 个碳原子、1 个磷酸基(即磷原子被 4 个氧原子环绕)以及一系列四分子碱基。它们被命名为腺嘌呤(adenine)、鸟嘌呤(guanine)、胞嘧啶(cytosine)和胸腺嘧啶(thymine),但通常由字母 A、G、C 和 T 表示。这些分子按照书面字母命名,表示生命的代码。

20 世纪 40 年代中后期,乌克兰裔美国生物化学家埃尔文·查戈夫(Edwin Chargaff, 1905—2002 年,原书有误,应为 Erwin Chargaff——译者注)发现这些碱基的两个重要性能——这一结果现在被称为"查戈夫规则"。首先,他表明在一个特定物种的 DNA 中,T 和 A 的数量是相同的,C 和 G 的数量是相同的,但这两对的数量是不同的,例如,在人类的 DNA 中,A 和 T 每个约占 DNA 的 30%(共 60%),而 C 和 G 各占约 20%。T/A 与 C/G 的比率在不同物种中各不相同,但 T 的数量和 A 总是一样的,C 和 G 的数量也一样。

此外,科学家利用"X 射线晶体学"(X-ray crystallography)的技术,

120

开始直接研究分子本身的结构。这项技术是投射 X 射线到 DNA 的结晶部位,并观察这些 X 射线如何从原子处散射到分子中。从 X 射线散射的模式,能够获得原子是如何排列的信息,进而能知晓关于分子的结构。研究从 DNA 发出的 "X 射线衍射"(X-ray diffraction)的主要中心是伦敦国王学院的医学研究理事会的生物物理部门。主要研究人员是莫里斯·威尔金斯(Maurice Wilkins)和罗莎琳德·富兰克林(Rosalind Franklin)。(见下文)

DNA 故事中的主角是两个年轻的剑桥大学研究人员——在剑桥大学度过一年的美国生物化学家詹姆斯·沃森(James Watson)和英国理论物理学家弗朗西斯·克里克(Francis Crick)。这一对出人意料互不相配的搭档利用了所有现有的化学和 X 射线数据,并且竟然用金属板建立了一个 DNA 分子的模型。从那时起,他们发现的双螺旋结构已经成为一种文化图腾。

想象一个 DNA 分子的最简单的方法是设想一架高大的梯子。梯子的两侧由交替的糖和磷酸分子组成(见上文)。但是,这种 "梯级"(rungs)真的很有趣。它们由两个上面指定的碱基连接组成,每个碱基连接梯子两侧。如果你研究这些碱基会发现,A 和 T 有两个点可以形成化学键,而 C 和 G 有三个。这意味着梯子的梯级只能是 AT、TA、CG 或 GC。正如我们所看到的,就是梯子一侧的这些字母的排序携带着遗传信息,使地球上的每个生物得以存在。

现在你有这样一架梯子,想象扭曲其顶部和底部产生了双螺旋结构。由于 DNA 结构的发现,沃森、克里克和威尔金斯分享了 1962 年的诺贝尔奖。

## 关于罗莎琳德·富兰克林

有一个围绕双螺旋结构发现的相关问题,这一问题已经离开了纯科学领域进入大众文化领域,那就是罗莎琳德·富兰克林在整个过程中的作用。不幸的是,她在 1958 年死于卵巢癌,年仅 37 岁。由于诺贝尔奖没有

121

追授,这意味着她无法共享 1962 年的奖项,但有关她的工作重要性的辩论一直持续到今天。

　　不在争议范围内的是威尔金斯向沃森和克里克展示了富兰克林的工作成果——著名的"照片 51"。专家们说,这张照片清楚地表明了螺旋结构。这一事件并没有什么不寻常的——科学家们总是共享初步结果。然而,重点是威尔金斯在没有让富兰克林知晓的前提下这样做了。据沃森在他的著作《双螺旋》(*The Double Helix*)中说,这导致了他和富兰克林之间的争执——两者都有易怒的个性——在他提出了合作之后。但是,难以置信,富兰克林的工作没有在最终解开 DNA 结构中占有一席之地。

　　历史上有太多的科学家与诺贝尔奖只有一步之遥——有人评论有 23 人可凭借对 DNA 结构的贡献分享诺贝尔奖项——埃尔文·查戈夫肯定会在这组名单之列。如果富兰克林活着,会共享诺贝尔奖吗,还是她会是那第 24 个沮丧的有抱负的人?这些我们都无从所知,但在 20 世纪 50 年代,英国学术机构对她的厚颜无耻的偏见让我们没有任何理由认为她的工作将有可能被她的同时代人所认可。就如玛丽·居里的情况(见第九章),再次证明了科研机构对妇女可以在科学领域取得优异成果的这一观念的接受是缓慢的。

## 揭秘DNA

　　正如我们在讨论中多次指出的,除非在实验室被验证过,没有任何科学的想法是可以被接受的。双螺旋结构的发现是通过被"沃森—克里克模型"(Watson-Crick model)支持的多次实验所验证的。我将只描述其中之一——1957 年科学家们在加州理工学院进行的那次实验。

　　实验建立在一个事实的基础上,那就是当细胞分裂时,原始细胞中的 DNA 分子被复制,由此达到每个子细胞自身具有完整的 DNA。我们没有时间来详细描述这个复制的过程,但在本质上,DNA "梯子"是从梯级的中间开始分裂的,然后每边利用细胞中的材料来补齐"梯子"中缺少的部分。结果产生了两架完全相同的"梯子",存在于每个子细胞之中。

在这个实验中,细菌生长的环境中唯一可用是氮同位素 N-15,这种氮比你现在呼吸的标准的氮同位素(N-14)稍重。这种稍重的氮被细胞用作 DNA 复制,直到最终所有的 DNA 都含有这一较重的同位素。然后把细菌分别放入包含正常(轻)的氮同位素的环境,还按每一个后代的 DNA 中的重氮标准放入含量相等的重氮环境中。他们发现,第一代细菌的 DNA 中有一半的重氮,第二代中有四分之一,依此类推。当然,这正是沃森—克里克模型所预测的,结果被添加到一整套支持它的证据之中。

一旦 DNA 的结构被人所知,下一个项目就是了解分子究竟是如何在生物系统中发挥作用的。我们应当看到,在某种意义上,这项工作仍在继续,但在这里我们将简单地叙述遗传密码的发现和对许多生物的基因组进行测序的进展情况(即读取它们 DNA 上的字母序列)。然而,在这样做之前,我们将需要花点时间来简单概括让生物运转的基本机制。

第八章中,我们看到了生命建立在化学基础上。活细胞中的化学反应涉及大而复杂的分子,它们之间的相互作用需要另一种称为酶的分子的活动。酶是一种促进其他分子之间的相互作用的分子,但它本身不参与这种相互作用——可以把它看作一个撮合买方和卖方的类似房地产经纪人作用的分子,但它实际上不是自己在买房子。

在活细胞中,充当酶的分子被称为蛋白质。换句话说,蛋白质运行化学反应使细胞履行其功能。蛋白质由被称为氨基酸的模块组成——可以把一个蛋白质想象为一串不同种类的氨基酸,像五颜六色的玻璃珠串成的一条项链似的东西。在 DNA 分子的碱基中,以某种方式包含的信息转化为蛋白质的氨基酸序列,然后蛋白质履行酶的作用在细胞中化学反应。这一过程是我们这个星球上生命的基本机制,而揭示这一奥秘是现代生物学的首要目标。

这个揭秘过程的第一步是阐明什么叫遗传密码——确切的说法会告诉你,如果你的 DNA 中的碱基呈特定序列,那么你在正在形成中的蛋白质里会得到特定的氨基酸。在这个过程中的关键实验发生于 1961—1962 年在马里兰州的贝塞斯达的美国国家卫生研究院。马歇尔·尼伦伯格(Marshall Nirenberg,1927—2010 年)和他的博士后同事 J. 海因里希·马特哈伊（J.Heinrich Matthaei，1929 年—　）在蛋白质生产过程中组合了一个媒介分子（被称为核糖核酸），它来自于 DNA 中重复出现的相同碱基。然后他们把人造分子放入一系列的媒质中，每一个都包含不同的氨基酸。他们发现他们的人造分子仅绑定到其中一种的氨基酸上，这让他们揭开了遗传密码之谜的第一页。尼伦伯格的这项工作为他在 1968 年获得了诺贝尔奖。

　　紧接着，科学家们揭开了其他遗传密码。基本结果：DNA 上的 3 个碱基——科学家们称之为"密码子"（codon）———一个蛋白质中的一个氨基酸的编码。然后，DNA 上的这一连串的密码子决定一个蛋白质中的氨基酸序列，进而作为一个酶来运行一个细胞中的一个化学反应。蛋白质碱基的序列为遗传密码，事实上，与孟德尔的"遗传因子"没有什么区别。就像我们之前指出的那样，有了这一发现，基因就从一个想象中的概念成了一个实际的物理存在——沿着 DNA 分子的一连串碱基。

　　随着 20 世纪的进步以及 DNA 的重要性变得越来越明显，一场生物科学领域的描画 DNA 细节，特别是描绘人类的 DNA 的运动开始了。20世纪 80 年代中期，一个美国的高级生物学家团队开始了一个宏伟的构想，那就是最终被称为"人类基因组计划"。当时的想法是"读取"所有三十亿人类 DNA 中的碱基，这一过程称为"测序"人类基因组。

　　现在看来奇怪的是，如今测序已成为一个如此重要的科学组成部分，但在一开始，生物学家之间对这种想法存在严重的抵抗情绪。他们主要关心的是它会改变他们的研究领域，从过去小而独立的小组研究转变为全体的"大科学"。此外，20 世纪 80 年代可用于测序的工具相当原始，而且相当费时。就像一位年轻的研究员（他凭借自身力量后来成为了著名的科学家）当时向作者透露的那样，"我不希望我一生的工作就只是在 12 号染色体方面完成从 10 万到 20 万个碱基对的排序"。

　　幸运的是，随着 20 世纪 90 年代的进步，测序的过程变得越来越自动化，我们将在下面进行说明。1995 年第一个单细菌的基因组——流感嗜血杆菌（Haemophlus influenzae，原文有误，应为 Haemophilus influenzae——译者注）和 1998 年第一个多细胞的基因组——秀丽隐杆线虫（Caenorhabditis elegans）——被添加到列表中。纵观十年来,我们能够为更多和更复杂的基因组进行排序,直到今天有数百个已知的基因组序列。

测序活动的主要参与者是创立了私营的塞莱拉遗传公司（Celeron,原文有误,应为 Celera——译者注）的克莱格·文特尔（Craig Venter）,以及美国国家卫生研究院基因组项目负责人弗朗西斯·柯林斯（Francis Collins）。由文特尔开发的技术最终破解了人类基因组,被称为"鸟枪法"（shotgun）。它的工作原理:一条狭长的 DNA 被分解成短的容易控制的片段,为每个片段提供一个单独的自动排序设备,这些设备输出的数据被送入电脑数据库,然后在电脑中把星星点点的零碎信息进行整理,最后重建整个分子的原始序列。

如果你要使用鸟枪技术来读一本书,你会撕掉这本书的许多副本,把这些碎片给不同的读者,然后编写一个计算机程序,能够识别这些碎片,并弄懂这本书究竟是怎样的。

一旦你理解了鸟枪技术,你就可以理解为什么科学家称人类基因组的测序过程为"组装"基因组。你也会明白为什么整个测序过程通常被称为"生物信息学革命",而且这一过程对计算能力有着巨大的依赖。

具有象征意义的 2000 年,在白宫举行的一个仪式上,文特尔和柯林斯揭晓了人类基因组的"第一幅草图"。许多观察员认为这是苏格拉底的名言"认识你自己"（Know Thyself）的最终典范。随之而来的 21 世纪的进展将在第十二章中涉及。

## 大综合和新的进化生物学

生命的基本分子机制在 20 世纪过程中被逐渐阐明,同时并行的是在渐进的科学中的分子发展。这些发展中排在首位的通常被称为"大综合"（Grand Synthesis）或"现代综合"（Modern Evolutionary Synthesis）,大约发生在 20 世纪 20 年代到 40 年代。从本质上讲,它与达尔文学说框架的各个分支科学的结合来产生我们现代的进化理论。可以说,这个结合的过程从来没有停止过,并且今天仍在继续,我们将在下面看到这一点。

20世纪早期的进化理论的基本问题是,尽管达尔文的物竞天择说在科学界已经被普遍接受,但它的一些运行机制仍然不为人所知。例如,正如我们在第八章中指出的,达尔文认识到在一个特定物种的成员之间存在变种,但没有什么可以说明这些变种的由来。1900年对孟德尔遗传学的重新发现曾引发了一场关于孟德尔遗传学与物竞天择说是否一致的辩论。许多遗传学家(包括托马斯·亨特·摩尔根在他职业生涯开始的时候)都认为基因的突变会引起生物体的突变性的变化,而不是达尔文暗指的逐步的变化。

20世纪20年代时这些问题开始得到解决,一组科学家开拓了现在已知的人口遗传学领域。1930年,英国生物学家罗纳德·费希尔(Ronald Fisher,1891—1962年)通过数学计算表明,随着突变量的增加,突变提高有机体适应性的概率下降,从而显示孟德尔遗传定律与达尔文设想的逐步改变(与DNA的微小变化有关)有几分相一致。他还表明,种群越多,基因中变异的几率越大,因此变异导致增加适应性的概率就越大。在同一时间,他的英国同胞J.B.S.霍尔丹(J.B.S. Haldane)表明同样的数学技术可以应用到现实世界的情况中,比如在著名的工业革命时期的英国胡椒蛾(pepper moth)的颜色变化(英国工业革命时期曾出现过的"胡椒蛾工业黑化现象"——译者注)显示出自然选择的速度实际上要比人们原本以为的快得多。(事实上,霍尔丹最有名的是他的机智警句,正如他在被问及我们能从生物学中学到什么关于神的知识时的反应。他的回答是:"神对甲虫喜爱有加。")

乌克兰出生的狄奥多西·杜布赞斯基(Theodosius Dobzhansky,1900—1975年)1927年获得奖学金来到美国后实际上与托马斯·亨特·摩尔根一起工作,并跟随摩尔根到了加州理工学院。他对大综合的主要贡献是对遗传术语中的进化过程进行了重新界定。在1937年出版的《遗传学与物种起源》(*Genetics and the Origin of Species*)中,他认为物竞天择说应该根据种群中基因分布的变化来定义。这在本质上彻底改变了整个进化的讨论,把注意力从生物体转移到基因上来——"分子转向"就是我们能找到的很好的例证。像霍尔丹、杜布赞斯基就是这一转向中最著名的人物。实际上一篇 1973 年的论文题目就是最好的说法——"除了按照进化（论）没有什么可以理解生物学"（Nothing In Biology Makes Sense Except in the Light of Evolution）——这句话经常被现代的生物学家使用，尤其是在与神创论对抗的时候。

一旦遗传学和物竞天择说融合在一起，那未来将被带入交叉领域的是生物学（研究自然中的实际生物体）和古生物学（研究生命的历史，这一学科在 20 世纪 40 年代是研究化石的）。例如，狄奥多西·杜布赞斯基，从在苏联的某些地方研究果蝇的遗传，到在美国的实验室建立了同样的对于野生种群起作用的分子过程。1942 年，德裔美国生物学家恩斯特·迈尔（Ernst Mayr, 1904—2005 年）通过重新定义"物种"的概念开始了他的贡献。他认为，物种不只是一组看上去一样的生物体，而是一组的杂交且无法与该群体以外的生物体进行繁殖的生物。再一次，重点从生物体的总体结构转向了它们的 DNA。迈尔还对物种形成的过程提供了详细的解释方法——地理隔离。这一过程如何运作，可以用以下的例子说明：两个不同的蝴蝶种群移居在两个不同的山谷中。一个山谷潮湿而青郁，另一个干涸而多石。物竞天择说将对两个种群进行选择——例如，一方选择绿色，而另一方选择棕色。两个种群的 DNA 将开始出现分歧，当分歧变得足够多时，迈尔认为将会出现两个不同的物种。

20 世纪中叶的许多古生物学家拒绝接受物竞天择说，因为他们看到了（非常不完整的）当时可利用的化石证据展现出向现代物种的线性进步。美国古生物学家乔治·盖洛德·辛普森（George Gaylord Simpson, 1902—1984 年）详细研究了马的进化记录，并于 1944 年表明，实际的化石记录在详细检查时没有证据证明存在稳步的改善。事实上，他表明形象化任何生物的进化史的最好办法是把它看作一种灌木，有着各种各样的分枝和死角。这导致生命史的概念就像是自然尝试走过各种各样的死胡同，直到终于柳暗花明——一幅与达尔文的物竞天择说极度一致的图画。一条辛普森的最有名的引用说明了这样的想法："人的出现是一个漫无目的结果，自然过程并没有把人类考虑在内。"

随着所有的这些发展，进化理论被带进了现代分子生物学和统计方法的轨道。把 DNA 的研究结合到对过去生物的研究中已经对过去的研究方式产生了革命性的影响。基本的想法是,如果我们比较两个生物体的 DNA,它们的 DNA 之间的差异将取决于它们在多长时间范围内拥有共同的祖先。分支事件之后的时间越长,两个生物体的 DNA 突变的几率越大,那么我们能发现的差异就越多。使用这种技术,现在古生物学家为各类生物构建了精细的家谱。例如,我们目前认为黑猩猩是最接近人类的进化亲属,这一看法出现在科学家发现人类和大猩猩的 DNA 之间的差异比人类和黑猩猩的 DNA 之间更大之后。

## 20世纪晚期的观念

### 自私的基因

1976 年,英国的进化理论家理查德・道金斯(Richard Dawkins,1941年—)出版了一本书名为《自私的基因》(*The Selfish Gene*)。这本书主要关注从生物体到 DNA 中不断变化的进化思想。其论点在于物竞天择中重要的是基因从一个世代到下一个世代的传播,而生物体只是简单的用来承载这种传播的工具。在某种意义上,J.B.S. 霍尔丹的评论:"我会为两个兄弟或八个堂兄妹放弃我的人生",可以认为是道金斯论点的前兆。

### 间断平衡

1972 年,古生物学家斯蒂芬・杰伊・古尔德(Stephen Jay Gould,1941—2002 年)和奈尔斯・埃尔德里奇(Niles Eldridge,1943 年— )出版了化石记录的重新审查报告。他们认为若进化不是像达尔文的理论中是缓慢和逐渐积累的,而是稳定的话,演变实际上会从头至尾地在长时期中偶然突变发生。他们称这一理论为"间断平衡"(punctuated equilibrium),而且围绕演变究竟如何发生(除此之外,我要赶紧补充说明,围绕它是否发生过)曾有过严肃,有时甚至是充满敌意的辩论。一方(我不记得是哪一方)甚至指责对方是马克思主义者,至于原因我不知晓,而且在当时也不是那么明确。

无论如何,解决争端的唯一途径只能是按照科学方式来解决——对数据仔细检查。原来问题"演变是逐渐发生的还是突然发生的"的正确答案是"突然发生的"。这两个进程的例子(几乎是之间的一切)都可以在自然界中找到。我们目前关于 DNA 运作的知识与这一事实完全一致。例如,我们知道有一些基因本质上控制着许多其他基因。若这些"控制基因"中的一个突变,显然会使生物体产生很大的变化,而一个孤立的基因中的突变可以产生增量,成为达尔文设想的逐步改变的类型。

### 进化发育生物学

从某种意义上来说,进化发育生物学(在科学家的俚语中表述为"evo-devo")的出现是大综合的延续。进化发育生物学着眼于各种生物在其胚胎期的发展方式,并试图找到生物的 DNA 所管辖的宏伟进化模式。特别是它试图找到胚胎发育的共同模式——被相同或相似的基因支配的不同的过程——各种各样生物的通用模式。

例如,在"进化"的一面,我们发现,种类繁多的动物中存在惊人相似的结构。比如,拿你的胳膊举例。它由一根长骨连接两根胫骨,然后连接一个许多块小骨头复合体的手。这种古怪的结构被一个作家归纳为"一块骨,两块骨,然后很多节点"。你可以在蝙蝠的翅膀、海豚的鳍、马的腿和无数的其他动物中看到这一同样的结构。事实上,我们可以追溯到 3.75 亿年前的名为"提塔利克鱼"(Tiktaalik)的有机体,这是第一个从水中到陆地过渡的动物(顺便说一下,这一名称来自于提塔利克鱼被发现的埃尔斯米尔岛因纽特人方言中意义为"大型淡水鱼"的名词)。因此,你的胳膊和腿的基本结构已经经历了上百万年的演变。

进化发育生物学中的"发育"可以用你的手来加以说明。我们一开始都是对称球状的受精卵,但你的手断然是不对称的,它有上下、左右、正背面之分。系统是如何知道怎样将这种不对称纳入结构之中的呢?这一基本事实似乎是产生分子的基因扩散到生长的细胞中,这些细胞中的基因活化作用由分子的浓度决定。整个过程被称为"刺猬"(hedgehog, 科学家在对这一基因命名时明显使坏了）的基因所控制，并发现该基因存在于多种动物。例如，实验人员曾用老鼠的"刺猬基因"培育像在滑冰状态下一只脚状的东西（不是鳍）。许多其他基因似乎也在不同的生物体中执行相同的功能。

就像物理科学的情况一样，20世纪末的生物科学与20世纪开始时相比，完全不一样了。发现了更新、更深刻的真理，也出现了更新、更深层次的问题。

128

# 第十一章

# 科学的新国际化

　　科学本质上是没有国家或文化界限的。自然是普遍的,那么对自然的研究也具有普遍性。正如我们已经看到的,现代科学的先驱们出现在全世界的各个地方。17世纪西欧的现代科学真正出现后,很快蔓延到世界其他地区,并且后者紧跟前者的脚步。第六章中,我们看到了科学如何从欧洲扩散到其边缘地区,在本章中,我们将探讨科学怎样成为一项真正的国际事业以及世界历史的一部分。

　　权衡当前科学国际化的措施之一就是比较来自不同国家的科学家群体撰写的研究出版物的数量。在一份2011年的报告中,英国皇家学院(Royal Academy)发现,在所有重大的国际科学期刊论文中,35%完全是这种合作的结果,这一数字在过去的15年中增长了10%。没有哪里的这种国际合作的增长比在美国更引人注目,在美国,这些类型的论文数量从1996年的约50 000篇,到2008年增加到约95 000篇。因此,当我们看现代科学家的工作方式,这种国际化的趋势是很明显的。我也会坚持这个观点,那就是这种趋势对大多数科学家个人是显而易见的,尽管英国皇家学会只给出了少量的数字证据。

　　虽然众所周知,难以为这些历史上的种种重大变化注明精确日期,但是19世纪之交很可能是标志新国际化开始的恰当时期。我们稍后将会看到,20世纪初欧洲以外的科学家开始对世界的研究作出重大贡献。这也是亚洲学生开始大规模就读于西方国家高校的时期,例如,笔者的母校伊

利诺伊大学（University of Illinois）的农业学院就具有培训印度研究生的
悠久传统。

　　也许没有例子比北京的清华大学更充分地体现了这个趋势——这个
地方现在被称为"中国的麻省理工学院"。义和团运动（1898—1901年）
之后，胜利的欧洲列强给屡弱的中国政府强加了苛刻的赔偿制裁。西奥
多·罗斯福总统在1909年提出把对美国赔偿的大部分归还给中国，用以
支持那些想在美国学习的中国学生。因此，1911年在北京成立了清华学
堂（Tsinghua College，当时是这一名称）。这所大学在第二次世界大战和"文
革"时期有过动荡的历史，但坚持了下来，并在世界最重要的科学机构中
占有一席之地。

## 跨国科学

　　第二次世界大战结束的时候，世界科学的重心在美国。这种状况的
出现是因为科学家对战争胜利所作的贡献使国家的领导人相信支持科研
能够促进美国经济和加强政治权力。支持科学的重任不再交由像安德
鲁·卡内基（Andrew Carnegie）一样的私人慈善家，这些私人慈善家在20
世纪上半叶肩负了这一重担。政府大规模支持科学的转变受到了1945年
的一个标题为《科学：无尽的前沿》[*Science：The Endless Frontier*，有趣
的是，撰写报告的正是卡内基研究所的负责人万尼瓦尔·布什（Vannevar
Bush，1890—1974年）] 报告的启发。布什的报告，今天看来似乎已经司
空见惯，因为在过去几十年中它已经被付诸实践，报告认为科研是经济增
长的基础，联邦政府促进科研是合情合理的。1950年，主要在他的敦促下，
创建了美国国家科学基金会。该机构现在仍然是美国基础研究经费的主
要来源之一。

　　但即使是提供科学资金的方法发生了变化，另一种趋势也开始迫使
个别政府为大型研究项目寻求跨国支持。简言之，科学在没有援助的前提
下对单个政府显得过于昂贵。

　　我们举基本粒子物理学作为一个这种趋势的例子，它研究物质的基

本成分。物理学领域需要一台称为"加速器"的机器。从本质上讲,加速器接受质子或电子等微粒束,并把它们加速到一个较高的速度。然后这些微粒束指向一个目标,物理学家在碰撞的碎片中搜索信息,探求目标是如何组合的。束的能量越高,粒子的移动越快,它们就可以更深入地穿透目标。换句话说,高能量转化成更多的物质基本结构的知识。

第一代加速器建于 20 世纪 30 年代,是可放在桌面运行的——你可以将它拿在手中,而且比较便宜。随着该领域的进展,加速器变得更大、更昂贵。20 世纪 70 年代建于芝加哥城外的费米国立加速器实验室(Fermi National Accelerator Laboratory)出现了世界上几十年来最大的机器,其成本动辄数亿美元——那时是一笔巨款。这台机器被安置在一条一英里长的圆形隧道里,可能是由单个国家承担的最大此类项目。1993 年的后续机——所谓的"超导超级对撞机"(Superconducting Super Collider),被安放在得克萨斯州平原之下的 54 英里左右长的隧道中,当其预期成本激增超过 60 亿美元时,被美国国会否决。实际上,探求物质基本结构知识的花费如此巨大,即使世界上最大经济体也无法支持它。正如我们下面将要看到的,当前最大的机器是瑞士的所谓的"大型强子对撞机"(Large Hadron Collider),是受到世界上所有发达国家的捐款支持的。随着科学变得更重量级和耗资更为巨大,换句话说,单一的经济力量也将转变为跨国的力量。

紧随着第二次世界大战而来的美国优势迅速被欧洲和世界其他地区的活动反击。毕竟,万尼瓦尔·布什有关科研对于经济发展的重要性的论点并不只适用于美国——它适用于任何工业化的(或工业化中的)社会。仅次于美国,欧洲只是众多的将布什的想法付诸实践地区中的第二个。当然,从那时起,政府支持研究已经蔓延到日本和其他亚洲国家,现在,到了中国。我们将会看到在西方世界以外,印度塔塔研究所的建立也是对这种制度的响应。

1954 年,12 个欧洲国家成立一个机构,其英文名称是"欧洲原子能研究机构"(European Council for Nuclear Research),其法文缩写为 CERN。当时,"委员会"(Council)被改为"组织"(Organization)时保留了原有的缩写,维尔纳·海森堡谈到,它"即使改名,也仍然将是 CERN"。实验室建立在瑞士日内瓦郊外,象征性地放在瑞士与法国的边境处。当时的想法是每个成员国都捐资建设该实验室,作为回报,来自捐助国的科学家都有权使用该实验室的设施。今天,加上原社会主义国家,欧洲原子能研究机构的成员国已扩大至 20 个,而且像罗马尼亚和塞尔维亚等几个国家也正在就加入问题进行商议。此外,有 6 个国家(包括美国)以"观察员"身份参与,还有许多(特别是第三世界国家)的科学家已经进入了欧洲原子能研究机构并参与研究。事实上,坐在该实验室的餐厅露台观赏阿尔卑斯山的壮丽景色时,你将听到如此多种的语言,以至于你几乎可以相信你身处于一个小型的联合国之中。

这最后的事实说明了一个科学界工作的重要方式。虽然主要研究设施坐落在工业化国家,但必须清醒地认识来自世界各地的科学家都必须作出艰苦的努力。例如,美国和欧洲的大学经常为第三世界的学生开设研究生课程,而且专业组织为如科学杂志之类的事物被广泛传阅作出努力。此外,这种情况并不少见,那就是被视为非主流的第三世界国家的科学家和其他人被邀请参加重大的国际会议,虽只是为了保持沟通渠道的畅通。例如,冷战期间,美国会议的邀请往往延伸到当时所谓的"铁幕国家"(尽管在其外衣之下,某些有可疑问题的大牌"科学家们"确实引起了一些争议)。

整个 20 世纪的最后一部分时段中,欧洲原子能研究机构曾作为主要科研中心。从日常生活的观点来看,最重要的发展可能是 1989 年蒂姆·伯纳斯-李(Tim Berners-Lee)和罗伯特·卡里奥(Robert Cailliau)这两位物理学家在欧洲原子能研究机构从事的一个项目,这一项目允许在不同实验室的计算机之间互相交换数据。虽然这一尝试的目的一开始只是为了使他们的研究更为有效,但是它通常被认为是万维网(World Wide Web)的开始。他们开发出了"超文本传输协议"(hyper text transfer protocol)——就是你在网络地址上看到的熟悉的"http"。我们应该注意,虽然"web"(网络)和"internet"(互联网)这两个术语被作为同义词来使用,但这两者有着不同的历史,互联网的开发在美国已经得到了国家科学基金会和国防部的支持。

132

网络的发展是一个从看来似乎不切实际的基础研究引发巨大的社会变化生产过程的例子,我们将在下面的讨论中再讨论。如果你在 1989 年问伯纳斯 - 李,他的"协议"是否能使你同你的朋友保持联系,或者进行机票预订,他将对你的问题无从所知。然而,这些却恰恰是他的发明所导致的。

在印度也出现了类似的发展。1944 年,参与印度原子能计划的科学家之一霍米·巴巴(Homi Bhabha)接管了塔塔信托,这是一个专门致力于对进行基础科学和数学研究的机构提供资金的印度主要慈善组织。自那时以来,该研究所已开始进行了核研究和计算机研究(印度首台数字计算机就制造于此),并于 2002 年升级为一所大学。今天这一研究所涉及的研究领域遍及了整个次大陆,包括粒子加速器、射电望远镜和气球观测。虽然它是以私人资金资助的形式建立的,但在当今,其资助来源的大部分来自印度政府。

## 新国际化和大科学

正如我们上面暗示的,科学的国际化背后的驱动力之一是最前沿研究需要的研究工具的庞大规模。在本节中,我们将讨论代表这一趋势的两个现代化的国际合作——瑞士的大型强子对撞机和南极的"冰立方"(Ice Cube)项目。然后我们将关注一些非西方科学家(其中大多数是诺贝尔奖获得者)的生活故事,来看看科学的国际性质如何在个别情况下失去了作用。最后,我们将讨论我们称其为"研究流水线"(research pipeline),这是将新的科学发现引入现代世界日常生活的方式,也是另一个国际化的例子。

## 冰立方

这个项目,我们将在下面更详细地描述,目的是为了探测现存的最难以捉摸的粒子,这种粒子被称为"中微子"("有点中性的")。顾名思义,中微子没有电荷,它几乎没有质量。此外,中微子与其他物质的形式相互作用极弱,例如,当你阅读这段文字时,数十亿个中微子正通过你的身体而不会打扰任何一个原子。事实上,中微子可以穿透数光年厚度的铅板,而不与其产生任何的相互作用。这使得它们很难被探测到。基本策略是建立有大量原子的探测器,并希望偶尔一个通过的中微子会碰到它们中的一个。

尽管探测中存在这样的难度,科学家们还是在检测这些罕见的中微子的相互作用的领域发现了丰富的信息。这是因为中微子经常产生原子反应,因此成为宇宙中大多数最暴力事件的标识器。冰立方是一种仪器,旨在探测在这些事件中产生的高能中微子。

可以说冰立方是有史以来最引人注目的天文仪器,它完全就是一块位于南极的一立方千米仪表化的冰。该项目涉及约 220 个来自 9 个国家的科学家。在这个系统中,冰既充当了中微子进入的目标,又是记录它们之间相互作用的介质。

对大多数人来说,当他们了解冰立方时最显而易见会提到的问题是"为什么在南极?"上述已经论及的基本点是像中微子这样的粒子很少与普通原子相互作用,只有在探测器中投入大量的原子才能收集足够的数据,这样中微子才会与它们中的少数发生相互作用。由于这种中微子属于强烈的暴力粒子,所以我们需要一个装满水的边长一千米的水箱来完成这项工作。当然,我们没法建造这样大的东西,但南极 2 800 米厚的冰层可以解决这一问题。此外,因为南极路途遥远,所以飞机定期飞到南极,以便于科学家和设备的运输管理。

我们可以简单地描述建造冰立方的技术。用高压热水在冰中钻孔——大约需要 40 小时完成 2 500 米的钻孔工作。然后,电缆与一连串的探测器被投入孔中,并且可以被冰包围而冻结。当中微子与冰中的某个原子发生反应时,新产生的粒子与周围的冰产生互动,指示灯就会闪烁。这些闪光由电缆上的仪器记录。从这些数据,冰面上的那些计算机可以重建原始中微子的特性。例如,它们可以测算出其能量大小,并且获知其到来的方向。

　　截至 2011 年 1 月,所有 86 长串的仪器都已经安装完毕,已开始接收数据。此设置有一个惊人的方面,那就是冰立方甚至可以偶尔探测到北极之上大气层中的宇宙射线与原子碰撞产生的中微子,这种中微子穿透了整个地球被捕获在冰立方仪器中!科学家预计通过十年左右的时间可以通过冰立方记录超过一百万个高能量中微子事件。这将为我们分析宇宙中最猛烈的事件提供一个庞大的数据库。不过当然,我们开始分析宇宙中微子时最重要的可能发生的事情,也就是我们开始对宇宙进行新的探索时最重要的可能发生的事情,是我们难以预料的。

　　一个关于冰立方的有趣问题,它很可能已经由一个单一的工业化国家建成——花费不算昂贵。那么,该项目的国际方面,从科学的固有倾向出发,将不分国籍地汇集有类似研究兴趣的人。我们现在要转而讨论的大型强子对撞机的情况有所不同。

## 大型强子对撞机（LHC）

　　如今,在科学界中,欧洲原子能研究机构是未来世界高能物理研究中最著名的。这是因为一台名为大型强子对撞机的机器是世界上能量最高的加速器。解释一个词:"强子"(hadron)——"一个强烈的相互作用粒子"——这是物理学家用来表示存在于原子核内的如质子等粒子的术语。

　　大型强子对撞机可以说是有史以来最复杂的机器,在地下 500 英尺,有长 17 英里(相当于 27 公里)的隧道。为了保持欧洲原子能研究机构的国际性质,该隧道的确穿越了法国和瑞士的边境,使粒子无数次从一个国家跨越到另一个国家,并在机器中逗留。机器实际的心脏部分是两条维持高真空状态的管道,这些颗粒以相反的方向在其中循环。光束在隧道周围的某个具体位置汇合到一起——这就是为什么机器被称为"对撞机"——在最短的瞬间内,所有粒子的能量集中于一个质子体积大小的点上,产生自从宇宙第一次大爆炸的那一秒后从未有过的温度。庞大的探测器——一幢大厦的规模——环绕在对撞机区域周围,并探测任何从核漩涡中产生的情况。

在下一章,我们将会稍微讨论科学家希望在大型强子对撞机中发现的问题,但此时此刻,我们可以简单地评论这一机器的国际性质。首先,花费了 90 多亿美元的预算,这是有史以来最昂贵的科学仪器。这绝对超出大多数国家研究机构预算。1 万多名来自 100 多个国家的科学家和工程师参与了机器的设计和建设——美国除了参与出资,还建造了一台巨大的探测器。因此,大型强子对撞机可以成为未来科研道路如何引导的模式,因为在将来,仪器的成本和复杂性只会越来越高。

2008 年 9 月,第一束质子束在机器中进行发散,但几天后,一个巨大的电力问题使得机器关闭,需要维修一年。有些人因为这一波折批评欧洲原子能研究机构的工作人员,但作者想起火箭专家维尔纳·冯·布劳恩(Werner von Braun)的评论:"如果你的机器在你首次打开它时就能工作,那一定是过度设计的。"无论如何,到了 2009 年 11 月,该机器再次开始运作,并在此后不久记录了不完全能量的质子碰撞。

## 研究流水线

在这本书中,我们已经讨论了科学、我们对宇宙的知识、技术与我们使用这些知识以改善人类生存条件的能力之间的密切关系。随着阐释网络的发展,即使看似最不切实际的想法,也会造成巨大的社会后果。在本节中,我们将更详细地来讨论在这一进程在现代科技社会中是如何起作用的。我们基本的精神意象就是我们所说的"研究流水线"——从一个抽象的想法到真正的产品的发展阶段。我们将把这条流水线分为三个区域:基础研究、应用研究以及研究和开发(R&D,研发)。各地区之间的界限比较模糊,但它们标志着三个不同类型的科学活动。

我们可以把基础研究定义为主要完成发现关于自然的真理,而不考虑未来可能效用的研究。有时你能简单地通过正在探索的课题来确定这个人正进行着基础研究。例如,一位科学家研究的是一个遥远的星系的超新星,这就不可能在他或她的头脑中有对此项工作的实际应用。然而,通常情况下,什么是基础研究的界定边界是含糊的。例如,一位化学家探索一种新材料的属性,可能会寻找对原子之间相互作用的深层理解,这当然符合了基础研究的资格,但又因被寻找材料的特性有可能存在一定的商业价值。

一般情况下,美国的基础研究在大学和政府实验室里开展。按照万尼瓦尔·布什的理念,由联邦政府通过例如国家科学基金会、国立卫生研究院、能源部等机构大力支持这项工作。

顾名思义,研究流水线的下一步是应用研究,这是考虑了一定的商业或技术目标进行的研究。如上所述,在基础研究和应用研究之间的边界并不清晰。例如,科学家研究混合气体的燃烧情况,如果他们的目的是设计出更好的汽车发动机,那么做的就是应用研究,如果他们研究的是太阳表面的耀斑,那么就是在做基础研究。在美国,应用研究由部分政府机构,如国防部和美国航空航天局(NASA),以及部分私营公司来支持。

流水线的最后一个阶段是研究和开发,通常缩写为"R&D"。这是一种以基础研究为开端,并在应用研究中发展其可能的效用,然后转为一个商业上可行产品的概念。正是在这个阶段,非科学的因素,如成本和市场需求开始参与进来。尽管在美国的研发工作往往由政府合约来支持,但主要由私营公司来主导。

第二次世界大战以来,美国科研管理的主要目标是保持研究流水线通畅,用基础研究打开新思路,应用研究发展这一思路,考察其可行性,最后的研发环节把成果制成有用的产品。该模型被证明是相当奏效的,并已经应用于世界各国,尤其在欧洲和亚洲。简言之,它已成为新科学国际化的另一方面。

## 科学领域的某些个人生活

科学的国际化已经经历了一段时间的发展,我们可以从一些非西方科学家的简要生活介绍中看到这一点。我们将从日本汤川秀树(Hideki Yukawa,1907—1987 年,原书有误,汤川秀树于 1981 年去世——译者注)的工作开始讨论,1949 年他被授予诺贝尔奖,这是他工作的顶峰时期。然后继续看看印度科学家钱德拉塞卡拉·拉曼（Chandrasekhara Raman，1888—1970 年）的贡献，他于 1930 年获得诺贝尔奖。萨特延德拉·玻色（Satyendra Bose，1894—1974 年），其工作已包括在最近的诺贝尔奖中，尽管他自己从来没有获得该奖项。最后，看看苏布拉马尼扬·钱德拉塞卡（Subrahmanyan Chandrasekar，原文有误，应为 "Chandrasekhar"，1914—1995 年——译者注），他在 1983 年获得了诺贝尔奖。因为生在印度，在芝加哥逝世，所以钱德拉塞卡是很好的新科学国际化的代表人物之一。

　　汤川秀树在东京出生，并在当时被称为京都帝国大学（Kyoto Imperial University）的地方受过教育。1935 年，他在大阪大学作为讲师时发表了一篇论文《论基本粒子的相互作用》（On the Interactions of Elementary Particles），这篇文章完全改变了我们思考力量的方式。虽然他在现在被认为在量子场论领域有着领先的技术，但他的最大贡献无疑是最简明地阐明了不确定性原理。

　　按照海森堡的说法，由于某一时间能量释放的同时性，所以不可能同时确定能量的系统数值。这意味着，在本质上，系统的能量会在很短的时间内波动，而我们无法探测到。如果能量波动的总量是 $E=mc^2$，其中 m 是粒子的质量，那么粒子能在不违反能量守恒定律的前提下短时间内出现。这些所谓的"虚粒子"（virtual particles）是现代物理学的重要支柱，但汤川用它们解释把原子核聚拢的力量——被称为"强作用力"。他的想法是在原子核的质子和中子之间还未被发现的虚粒子可以产生强作用力。从这种强作用力的属性出发，他预测应该有一种约为质子 1/7 大的粒子。当在宇宙射线实验中观察到该粒子时［现在它叫"π 介子"（π meson）或"介子"（pion）］，汤川关于能量的理论变成了粒子物理学的标准主题。当我们在第十二章谈论关于现代科学的前沿时，我们会再次遇到虚粒子交换的概念。

　　C.V. 拉曼成长于一个学术家庭（他的父亲是物理和数学讲师），在当时的马德拉斯［Madras，现为钦奈（Chennai）］的院长学院（Presidency College）获得博士学位后，他成为了加尔各答大学（University of Calcutta）的教师。1928 年就在这里，他发现了现在被称为"拉曼散射"（Raman

137

scattering）的过程，其中涉及了光与原子或分子的相互作用。当原子吸收光线，它可以用这一能量移动电子到更高的玻尔轨道，然后电子通常回落到其原始状态，发射与它吸收的频率相同的光。然而，电子偶尔回落到一个与它一开始所在不同的轨道，其结果是发出不同频率的光。这就是拉曼散射，现已被广泛用作确定各种材料化学成分的手段。除了诺贝尔奖之外，拉曼还因此发现获得了许多荣誉，例如，爵士的身份。

S.N. 玻色出生在加尔各答，其父是一名铁路工程师——设计系统，而不是运行列车的那种。他在现在的达卡大学（University of Dhaka）任教之前曾在加尔各答大学任过几年教师。随后发生了科学史上最离奇的事件之一。他作了一个量子力学中的特定问题的讲座，在当时的物理学家们看来在计算方面犯了一个根本性的错误。下面用一个例子来说明我的意思：假设你用两个硬币来计算正反。如果两个硬币是清晰可辨的，例如，如果一个是红色的，另一个是蓝色的，那么你看到正面朝上的情况显然与你看到的背面朝上会有所不同。但是，在玻色看来，这两种情况被视为同一事件，那就是只在两个硬币无法区分的时候可能发生的事情。尽管这看似一个根本性的错误，但玻色的结果似乎与光子等粒子的实验结果相匹配。

138　　一些期刊拒绝了他的论文后，玻色把它寄给了爱因斯坦。爱因斯坦立即意识到玻色工作的价值，他亲自将其翻译成德文，并保证它在著名的德国物理学杂志上发表出来。结果，现在被称为"玻色—爱因斯坦统计学"（Bose-Einstein statistics）的领域诞生了，如上所述，成为很多现代物理学研究的基础。其基本观点是许多粒子，如光子，很难相互区分开来，并不能像上面例子中的红色和蓝色的硬币那样对待。玻色的"错误"结果证明其适用于所有的亚原子对象。在欧洲进行了两年的短期研究之后，玻色返回达卡大学，在那里度过了他的其余职业生涯。

S. 钱德拉塞卡，他在科学界被普遍称为"钱德拉"（Chandra），出生在拉合尔（Lahore），在现在的巴基斯坦。他出生于一个职业家庭，他的父亲是重要的铁路公司的副审计长，因此他不得不违抗家人希望把他培养成公务员的期望。然而，他的叔叔是 C.V. 拉曼（见上文），拉曼也面临过类似的压力，并在学术生涯中作出了示范。钱德拉成为院长学院的优秀学生后，被授予奖学金到英国学习。1930 年的漫长海上航行中，19 岁的钱德拉写了一篇论文，最终使他荣获诺贝尔奖。

这项工作涉及的星型为"白矮星"（white dwarf）。这是一种已经耗尽燃料而且在重力影响下塌缩成与地球一般大小的恒星。它不再进一步塌缩的原因是恒星的电子没法再挤得更紧这一事实。谨供参考，约 55 亿年后，太阳将成为一颗白矮星。

剑桥大学的科学家们对这些恒星的性质进行的初步计算是在假定恒星的电子移动速度缓慢的前提下进行的，钱德拉准备加入这一工作。然而，钱德拉认识到，在恒星内部的高温下，数量相当可观的电子将以光速移动，反过来这意味着他们将要依靠爱因斯坦的相对论进行处理。事实证明，这改变了一切，因为他的计算说明了白矮星的最大尺寸，这一尺寸现在被称为"钱德拉塞卡极限"（Chandrasekar limit，原文有误，应为"Chandrasekhar limit"；大约是太阳质量的 1.5 倍——译者注）。虽然科学界接受他的结果过程很缓慢，但它已经成为现代天体物理学的重要支柱。

无论如何，钱德拉在 1933—1936 年从剑桥获得了学位，当乘船回到英格兰的时候，获得了美国芝加哥大学的职位意向邀约。与未婚妻结婚后，他移居芝加哥，在那里继续他的事业，为理论物理学等许多领域作出了贡献。他去世后，为了纪念他，现在运行在轨道上的 X 射线卫星以"钱德拉"命名。

物理学家弗里曼·戴森（Freeman Dyson）指出，钱德拉的白矮星工作标志着一个我们对宇宙看法的重大转变，一劳永逸地打破了亚里士多德对现代思想的把持。在亚里士多德看来，天空是和谐、平静以及永恒不变的。钱德拉表明，宇宙事实上是一个暴力的地方，充满了变化和破坏。即使是像太阳一般平静的恒星都会变成白矮星，随后的工作人员表明，较大的恒星爆炸为巨大的超新星，并产生怪异的物体，如脉冲星和黑洞。今天，一个暴力的宇宙的观念是司空见惯的，但在钱德拉的时期不是。他是一个真正的宇宙方面的拓荒者。

每位中年科学家，包括笔者本人，都有关于钱德拉的故事。当我在芝加哥大学作为例行访问学者时，记得他总是在物理系身着一身灰色西装，

139

白衬衫和保守的领带,一副威严的样子。一天,在一次研讨会时,一位年轻的物理学家正谈论弦理论(见第十二章),并提出一个观点,那就是该领域的进展是缓慢的,因为数学是如此的难。在会谈结束时,钱德拉起身说,在20世纪30年代,他和其他人在发展广义相对论的时候也觉得如此。"坚持不懈,"他说,"你一定会成功的,就像我们一样"。

对一个年轻的研究员这么说,是多么不可思议的事啊!

# 第十二章
## 科学的前沿

在这本书中,我们已经追溯了科学的发展,从它的原始根源直到它充分发展到现代的形式。换句话说,我们看到了科学的历史和现状。那么,在本书最后一章探索科学往哪里去的问题是很应景的。事实上,我们可以确定过去半个世纪出现的一些重要发展趋势能帮助我们在文中举出科学前沿中的具体例证。

第十一章中,我们认定科学的发展趋势是国际化,并讨论过前沿研究的成本正在上升。这是一个简单的事实,作为一个特殊的科学成熟期,被提出的问题种类以及用于解决问题的各种设备都在变化。我愿意把科研比作欧洲殖民者在美国西部的探索。在开始时,没有人知道土地的地貌,探索模式类似于"刘易斯和克拉克远征"(Lewis and Clark expedition)——快速调查并绘制出主要地形特点,如山川河流等。但最终,这些初步的探索性的远征被政府资助的地质勘探取代——一英里一英里地艰苦绘制新疆域的地图。

当一个科学新领域开展第一项任务时也是用同样的方法,绘制出它的主要特点。这一操作通常不涉及昂贵的设备。一旦初步勘探工作结束,那么细节方面的工作任务就开始了。问题的范围变得更窄,同时调查变得更加复杂。这通常不仅涉及更多科学家的工作,就像我们在基本粒子物理学的情况中看到的一样,还涉及更昂贵的设备。即使在各个大学的实验室,这种情况都是一样的,但花费过高时,就成为一个促进国际化的推动因素,正如我们所看到的。因此，我们可以期待在未来继续这种复杂化的进程，这也将是 21 世纪科学的最典型特征。

接下来我们将研究当今某些领域内科学家忙于研究的问题。这不是关于科学前沿的全面视角，而是一个某些领域如何走向复杂化趋势的样本。

## 弦理论和希格斯

探索对物质基本结构的理解，正如我们已经看到的，可以追溯到希腊时代。我们已经看到了这种认识是如何深化的——我们了解到物质由原子组成，原子核由粒子组成，而粒子由夸克组成。这个过程中的下一步（可能是最后的一步）是所谓的弦理论的发展。在本质上，这些理论把物质的最终基本构成成分（如夸克）视为微观的弦状振动物，其中主要复杂的问题来自弦状物在 10 或 11 维中振动。这使得理论数学相当复杂——这一事实暗指了上一章中"钱德拉"的故事。然而，这些理论的一些基本概念将在大型强子对撞机被检验。

大多数物理学家会说大型强子对撞机的首要任务是找到"希格斯粒子"。它以首次提出其存在的苏格兰理论物理学家彼得·希格斯（Peter Higgs）的名字命名，被认为可以解释为什么粒子（以及引申开来，你和我）有质量。

稍作解释：实物都具备一定的主要属性，例如电荷和质量。当 19 世纪的物理学家开始研究电荷的性质时，从他们的工作中产生了巨大的实际利益，例如，供电到家的发电机。质量一直都有点神秘，因为没有人能够真正解释为什么任何实物都具有质量。这就是为什么希格斯理论的预测很重要，因为如果他的粒子能在物理学家的大型强子对撞机中被发现，那么就能首次貌似合理地为质量作出解释。

有一个比喻能帮助你了解希格斯机制是如何工作的。假设有两个人在机场大厅：一个身材魁梧的高大男子拖着两个大行李箱和一位苗条和没有行李的年轻女子。为论证起见，假设他们都以相同的速度在空旷的大厅中前进。

现在想象一下大厅拥挤时会发生什么。拉着行李箱的男子将会被人冲撞,他将绕过障碍物,缓缓移动。另一方面,年轻的女子将迅速移动并穿过人群。如果大厅的人群对我们来说是不可见的,我们只能看到我们的两位主角,我们可以得出结论:该男子质量更大,因为他移动更慢。希格斯认为,用同样的方法,我们被包围在看不见的粒子(现在以他的名字命名)的海洋中,且我们通常被与质量联系在一起的加速度的阻力阻碍,实际上就是普通物质与那些粒子的相互作用。换句话说,在我们的比喻中,看不见的人群起着希格斯粒子的作用。理论家们预测大型强子对撞机的碰撞每月会产生一些希格斯粒子,因此距积累到足够的数据让科学家声称这一发现可能还要过一段时间。

此外,一些版本的弦理论预测了一套目前未知粒子的存在。它们被称为我们了解颗粒的"超对称伙伴"(supersymmetric partners),通常是粒子的名称前面用一个"s"来表示,例如,电子的伙伴,被称为"s电子"。搜索这些粒子也是大型强子对撞机工作的一部分。

## 稳定岛

当约翰·道尔顿在1808年推出现代原子理论,化学家们便知道了几十个化学元素。另一方面,德米特里·门捷列夫第一次于1869年组合了元素周期表,大部分的自然产生的化学元素就被知晓了。研究这些元素得出的一般情况是这样的:我们知道,原子核由带正电的质子和不带电的中子组合而成。对于轻的原子核,质子和中子的数目是相等的,但在重一些的原子核里,中子倾向于占主导地位。质子越多,电斥力就越强,就越难使原子核稳定。因此,较重的原子核将更有可能经历放射性衰变,除非有更多的中子"稀释"电斥力。大自然赋予铀这一特质,它通常有92个质子和146个中子。最常见的铀经历的放射性衰变的半衰期约为45亿年——大约与地球同龄,所以你可以认为铀几乎是稳定的,但不完全。铀之后的原子核(即所有超过92个质子的原子核)都是不稳定的。

这并没有阻止科学家们试图制造和研究所谓的"超铀"元素。事实上,自 1940 年以来,生产这些原子核已经成为核物理学中的普通产业。基本做法是用高能量粉碎两个较轻的原子核,让质子和中子在其作用下达到重组,从而偶尔能产生一个未知的化学元素。这些新的元素往往是非常不稳定的,往往在不到一秒的时间里就衰变了。

随后几十年过去了,铀之后的元素被发现并填入了元素周期表。这些后来被命名的元素名称就指示了其被发现的故事——锫(Berkelium, 第97 号元素),𨧀(Dubnium, 第 105 号元素,以在杜布纳的联合核研究所命名,当时是在苏联),𫟼(Darmstatium, 第 110 号元素)。其他元素以著名的科学家命名,例如,锿(Einsteinium, 第 99 号元素,与爱因斯坦有关——译者注)和钔(Mendelevium, 第 101 号元素,与门捷列夫有关——译者注)。基本的技巧就是一直试图在新原子核里塞进尽量多的中子,如上所述,用那些中性粒子来"稀释"质子的电斥力。2010 年 4 月,科学家宣布他们已经粉碎一个钙原子核使之成为锫的原子核以产生第 117 号元素,从而填补了在周期表中的空白,现在已经完全填满了元素周期表中 118 个元素。

这些超重元素(这一概念一般用来描述原子序数超过 110 左右的元素)都没有被大量制造用于实际用途,但在未来,情况可能会改变。科学家早已经知道一定数目质子和中子的原子核是非常稳定和紧凑的。在非正式讨论中,这些有时被称为质子和中子的"幻数"(magic number)。理论家预测在第 126 号元素周围某处,这些幻数可能相结合,再次产生稳定的元素。他们指的是这个周期表中尚未达的部分,称为"稳定岛"(island of stability)。接近这个"岛",理论家期待他们的新原子核使用期会慢慢增加,从毫秒到几秒到几个小时到几天再到(也许)几年。一些人希望这一结果来自第 117 号元素的数据,这一元素的某些形式持续了超过 100毫秒。

要到达这个岛,物理学家将需要一台机器来加速非常重原子核的强粒子束,使额外的中子可以勉强塞入生成的超重元素里。美国密歇根州立大学正在建设"稀有同位素束流设施"(Facility for Rare Isotope Beams),这将很可能成为未来这方面研究的最先进机器。

目前为止,主要是那些试图理解原子核结构的人对超重元素的制造

143

感兴趣。创造稳定的超重核的前景增加了发现一种与新原子相关的全新化学的可能性。这样的发展可能导致任何人的猜测，无论是在基础研究，还是在实际应用方面。

## 暗能量

在第九章中，我们遇见了埃德温·哈勃并描述了他的宇宙膨胀的发现。如果你思考未来的膨胀，你就会意识到，应该只有一个力量可以影响它——向内拉的引力。一个加速远离我们的遥远星系应该会减慢速度，因为所有其他星系的引力会把它往回拉。在20世纪晚期，衡量所谓的"减速因子"是天文学家的一个主要目标。

问题在于，当一个星系距地球太远，以至于它看起来就像一个光点，我们的标准测量距离的方法都失败了，所以不可能知道这一星系距地球多远。需要一个新的"标准烛光"。两个团队，一个是加州大学伯克利分校，另一个是密歇根大学，只提出了一个被称为Ia型超新星的结果。这些事件发生在双星系统中，其中之一耗费其整个生命周期成为一颗白矮星（见第十一章）。白矮星从它的伴星那牵引物质，在其表面建立氢元素层，最终引发了巨大的核爆炸，摧毁了这颗星。自从钱德拉塞卡极限定义了白矮星大小以后，我们可以预计所有类型的Ia超新星发出等量的能量。如果我们把这能量与我们实际收到的来自一个遥远星系超新星的量相比，我们就可以确定发生爆炸星系的距离。

认识这一问题的重点在于当我们看着数十亿光年距离外的一个星系，我们看到的宇宙是数十亿年前的宇宙，而不是现在的。通过测量这些遥远星系的红移，我们可以比较宇宙的膨胀速率，直到它的现状。当然，有人预计膨胀会在引力的影响下慢化。当这些团队宣布他们的结果时，科学界受到了有史以来的最大冲击之一——膨胀并没有变缓，而是在加快！

显然，在宇宙中存在一些以前未能料到的力量作为反引力，当它们的速度已放缓时，这些力量把星系之间的距离推远。芝加哥大学的宇宙学家迈克尔·特纳（Michael Turner）称这种神秘物质为"暗能量"（dark energy）。随后的测量告诉我们几件关于暗能量的事情。一方面,它构成了宇宙质量的 3/4 左右；另一方面,我们现在可以描绘出宇宙膨胀的历史。第一个 50 亿年左右,当星系彼此接近,引力克服暗能量的影响时,膨胀的速度的确放慢了。然而,在这之后,当星系相距较远,引力减弱,暗能量占了上风,当前的加速膨胀就开始了。

这是一个发人深省的问题,那就是认识到我们对宇宙的绝大多数构成物一无所知。阐明暗能量的性质肯定是宇宙学中最重要的悬而未决问题,也很有可能是物理学中最重要的问题。

## 基因组医学

当 2000 年人类基因组测序公布时,评论家预见到了医疗上将有大规模的改善。毕竟,许多疾病由特定的细胞在体内未能正常运转导致,例如,糖尿病就是胰腺中分泌胰岛素的细胞出了问题。他们认为,由于最终 DNA 控制细胞的功能,我们对于自己的基因组组成的全新认识改革了医学实践。

一方面,如果我们的基因确实能揭开我们生命的故事,读取一个人的基因组应该可以使医生知道有可能存在什么样的疾病和情况怎样发展,并可以采取适当措施。例如,一个人被预测易患心脏问题,可能被告知按照运动和饮食疗法,以降低他或她的风险。另一方面,一旦某个细胞未能正常运作,基因组知识可以让我们找到新的治疗方法,如在失灵的细胞内替代有缺陷的基因。

也许涉及基因组学的最雄心勃勃的计划叫"再生医学"（regenerative medicine）。要了解它,我们需要稍作转移,讨论一下干细胞的性质。

读这本书的人都是作为一个单一的受精卵细胞开始他或她的存在的,有着一个 DNA 分子。细胞的重复分裂,随之而来的 DNA 重复复制,最终产生一个成年的人。因此,我们身体的每一个细胞中含有相同的 DNA,但随着胎儿的成长,大部分基因都开始转变,成为在不同的细胞中的不同基因。但是,最初的几个部门中,所有的基因都可以运作,直到后来专业化"开关"使基因转向。一个拥有所有能运作基因的细胞被称为"干细胞"。

我们知道，如果我们从卵子中取出包含 DNA 的细胞核，并用另一个成年人的细胞核替代，卵子知道如何重置所有成年细胞中已有的开关（虽然我们不知道这个过程是如何发生的）。因此，在实验室里制造包含个人捐助者 DNA 的干细胞是有可能的。再生医学的基本想法（我要强调除了制造干细胞，现在这一切都没有实现）是在经过细胞分裂后得到干细胞，并利用它们长出新的组织。最有可能的第一个应用是发展治疗帕金森氏症的神经元，其次可能用于胰腺 β 细胞产生胰岛素。重点是新的组织将会带有病人的 DNA，因此人体的免疫系统不会像现在的器官移植时那样产生排斥。如果这个计划成功了，你可以想象，就像今天我们给汽车替换零件一样，用新的成熟部分代替破旧或患病的部分。

我认为很难想象出这种医学的社会影响。例如，一个充分发展的再生医学的体系将大大延长那些使用它的人的寿命，这一发展可能导致各种意想不到的后果。当我想把这一观点向学界说明的时候，我会问："你们真的希望做 500 年的助理教授吗？"

再生医学也将使回答"你多大了？"这样简单的问题变得有疑问，因为答案很可能会由于身体部位不同而不同。如果要避免人口过剩，那么人口出生率不得不明显下降，我们真的没法想象只有极少数儿童的社会将会是什么样子。最后，会出现一些简单无聊的问题："你看过几次《哈姆雷特》？"我们可以继续举例，但我觉得重点已经很明确了——如果再生医学成为现实，将出现一些远远超出科学范畴之外的问题。

然而，在结束 21 世纪第一个十年时，出现一个事实：实际上，所有为基因组医学所作的宏伟预测都没有实现。有必要询问：为什么这场革命被推迟了？

这种状况的根本原因，事实证明，解释基因比人们在 2000 年所认为的要复杂得多。首先，我们希望找到一个（或至多一个小数目）与特定疾病有关联的基因没有实现。即使有这种关联的例子，例如，囊胞性纤维症与染色体上特定部位的损伤有关——我们发现大多数疾病复杂得多。如果要对数百,甚至上千个基因之间的微妙关系进行检查来解决病症,我们需要对基因组有更多的了解,而不仅仅是知道在 DNA 中主要成分的序列。甚至有可能,就如我们将在下面讨论的一样,我们需要开发新的数学工具来处理我们在基因组中发现的错综复杂的事物。

一个未预料到的复杂情况的发生与 DNA 中基因的功能由一个控制机制微妙的相互作用来管理这一事实有关。一个被称为"表观遗传学"(epigenetics,字面意思是"基因外部")的新科学领域已经发展起来,研究这些过程。其基本思路是不改变基因主要成分的序列,该基因可以关闭(例如,通过给 DNA 附加另一个分子,以抑制该基因的正常活动)。这些变化似乎伴随着细胞分裂的过程。事实上,当我们谈到细胞分化成为成熟个体时,正是这些表观遗传的变化产生了我们看到的细胞分化。因此,表观遗传的过程使我们了解基因组另一层面的复杂性。

## 复杂的崛起

正如我们已经看到的,虽然科学家们获得了更多处理复杂系统的能力,但现代科学的发展依然缓慢。尽管我们没有强调这一点,但到现在为止,这些变化往往跟随着新的数学技术的引入。例如,直到艾萨克·牛顿和戈特弗里德·莱布尼茨发明微积分,太阳系轨道的实际计算才得以实现。数字计算机在 20 世纪中叶的引入是大大扩展自然系统服从科学分析的另一座数学里程碑。原因很简单:一台计算机可以持续跟踪影响系统的数千种不同因素,这些在个人做起来时是相当困难的。

随着过去几十年里计算机能力的提高,科学家可以解决更加复杂的问题。以我个人的经验为例,在 20 世纪 80 年代初期,工程师设计飞机时没有足够的能力计算飞机通过音障时飞机机翼的空气流。有太多的变数和太多的事物需要电脑在一天内跟踪记录。今天像这样的计算很可能用一个标准的笔记本电脑甚至手机就能代劳。这种在数学能力方面的进展引发了科学界的一个新领域——数学建模。理所当然,关于科学包括理论和实验之间相互作用的标准描述现在必须修订,增加了建模作为第

147

三项。

一个计算机模型总是从一些基本的科学规律开始。例如，如果我们想使一个模型用于天气预测，我们会开始关注支配大气层气体流动以及描述热流、湿度和冷凝的规律，依此类推。这个级别的模型只需收集相关的科学知识。如果精确的知识是不可获取的（例如，云形成的情况），未知的规则可能被知情的猜测补充，从而补充已知的规律。一旦这一切就绪，相关数据（例如，各种气象观测站的温度数据）都可以加入进来。

在这时，电脑就可以准备开工了。大气层被分为若干盒子，规律在每一个盒子中被测算。温度是否上升或下降，气流进或出，等等。一旦所有盒子的工作完成，一个宏伟的解释就出炉了，例如，空气从一个盒子被添加到邻近的盒子中。随着新的安排，计算机会开始重新计算新参数。典型地，计算机将在20分钟的间隔内获得天气的预测数据。

这样的计算机模型在科学和工程领域已经无处不在，例如，我们不再在风洞中试验飞机的设计，但可用一个计算机模型来"测试"那些设计。当我们展望未来，我们可以期望看到更多的这些复杂系统在计算机上建模。虽然这代表了科学的重大进展，但也带来了风险。例如，目前大量有关气候变化的讨论围绕复杂的气候模型——这些模型如此复杂，以至于毫不夸张地说，这个星球上没有一个人完全了解它们。当呈现模拟结果时就出现了问题，因为总存在一个令人不安的问题：是否存在一些模糊的假设本身不正确导致错误或有误导性的结果？想必随着时间的推移和模型的改善，更重要的是，我们看到它们作出正确的预测，这些疑虑将会减少。

当前研究的几个少数领域中这一公认的粗略认识揭示了有关科学的重要一点：从研究物质的基本结构到宇宙的构造，再到我们身体中细胞的工作这些相距甚远的领域，只要还存在需要被探索的宇宙，就会需要提问和调查。我们将永远无法触及科学的底限，道路上每一次新的迂回曲折都引领我们对于居住的世界产生令人兴奋的新见解。

148

## 革命或连续性？

我不信任应用到思想文化史中的"革命"一词。每一个事件，无论多么新颖，都具有先例和来路，因此，可以将之看作一个连续统一体的一部分。因此，考察自 19 世纪末以来的科学发展的方法之一就是把它作为之前工作的副产品和再加工物。然而，可以认为，其中"更多"变成了"不同"，我认为 20 世纪科学的某些领域越过了这一边界。今天的科学与一个世纪前相比如此不同，它可以真正被认为是质的不同。

事实上，我们可以找出产生这种变化的两个主要因素。其一，第二次世界大战后政府资金大量涌入，由此驱使的研究流水线使经济保持了高速增长。其二，现代电子工业的发展，特别是数字化计算机，对自然的考察在复杂性上达到前所未有的水平。毫无疑问，未来的历史学家将指着 20 世纪末某一日期说："就是在那时，一切都变了。"

# 结 语

毫无疑问,科学世界观的发展已经对人类无论是在实际还是思想的层面都有了深刻的影响。纵观历史,我们可以看到至少有三个不同的方法思考科学的作用和影响。一个是从思想上,科学已经改变了行为方式,并且改变了人类对于自己在宇宙中的角色定位。这种考察科学史的方式带我们进入了科学和宗教之间的边缘。第二点涉及科学知识改变了人类生活物质条件的方式。最后,我们可以从科学本身内在要求的角度来看这一历史,把它在科学方法上的发展看作一个纯粹的思想活动。让我们简要地思考以上的这些观点。

## 科学与宗教

人类社会从卡尔·萨根(Carl Sagan)所谓"魔鬼出没的世界"开始——一个由诸神任性、率性管辖的不可预知的世界。随着科学知识的增加,科学和宗教之间的边界发生了变化。世界更多地被客观的自然规律解释,小部分按照神的意志。

这种变化并非总是和平的,审判伽利略就是例证,但在 20 世纪时,这两种思想领域之间发展出了一个稳定的权宜之计。其基本思路是,科学用来回答各种关于自然世界问题的方式,而宗教回答个别人类现实的不同问题。在这两个领域提出的问题种类是不同的,回答这些问题的方法也是不同的。使用一个由史蒂芬·杰伊·古尔德创造的不恰当但有用的短语,那就是"非重叠的权威性"（non-overlapping magisteria）。在不太正式的语言中，我们可以用下面这种方式捕捉这种差异，那就是科学关心磐石的年龄，宗教关心上了年纪的磐石。

在这种方式看来，不存在科学和宗教之间冲突的因素，因为它们处理的完全是存在物的不相交区域。只有当一个领域试图强加自己的观点和方法到另一个的时候，冲突才可能会出现，这个过程我们可以称之为"纪律侵入"（disciplinary trespass）。今天，我们可以找出两个侵入的领域：一是神创论者企图把宗教信仰强加入进化论的教学中；另一个是科学无神论者企图把边界推到另一边，提供"科学的"证据证明神不存在。他们都在尝试，我怀疑，都注定要失败。

## 人类在宇宙中的位置

我们以地球是人类的家园和宇宙的恒定中心，人类与其他动物不同以及在被创造物中有自己的地位这些基本概念开始。科学进步无情地对待了这些舒心的看法。首先，"哥白尼革命"确定了地球只是一颗围绕太阳的行星。然后，我们了解太阳只是充满恒星的银河系的一颗恒星。最后，埃德温·哈勃告诉我们，我们的银河系只是无数星系之一。

对地球的降级正在进行之中，达尔文又告诉我们，人类与我们星球上的其他生命形式的区别并不是那么大。事实上，20世纪的科学已明确提出人类与地球上其他生物在生化水平上紧密相连。

如果我们没有生活在一个特殊的行星，如果我们在化学性质上与其他生物没有那么不同，什么使人类特殊呢？其实，可以在第八章讨论复杂性中发现这个问题的答案。因为人类的大脑恰好可能是自然界中最复杂的相互联系系统。它的一些现象，如来自这一错综复杂事物的意识，在宇宙中罕见，在这种情况下，人类和他们的星球可能会有一些独特的东西。

## 物质的福祉

这可能是一个讨论社会影响时的最简单方面,因为它是大多数人谈到科学的好处时会想到的。从火到微型集成电路板的发明,人类对大自然的认识工作已被用来改善人类的生活条件。传统上,过去的重大进展,想象一下蒸汽机和电灯的发明,都来自能工巧匠,而不是科学家。在过去,没有必要了解自然规律就能使一些事物工作和生产一些有用的东西,事实上,我们可以说,蒸汽机的发明引发了热力学的发展,而不是后者引发前者。

20 世纪中叶,一切都改变了——你可以把万尼瓦尔·布什的报告作为这种发展的象征。今天的有用设备都是在第十一章中所讨论的研究流水线中开发出来的——这些研究从基础研究覆盖到你当地的超市货架。这些技术对我们生活的影响是深刻的(也经常是不为人所知的)。

然而,科学和技术的产品不是纯粹的有利。例如,当阿尔弗雷德·诺贝尔发明炸药,他作出的贡献可能像美国的州际公路系统那样巨大,但它也使战争更具破坏性。挖掘核能源的能力使核能成为电力的重要部分,而且不会导致全球变暖,但它也产生了核武器。科学一旦有所发现,它们就会从大科学家的控制中走出来,成为整个社会的可利用部分。此外,一个简单事实,通常无法预测一个特定的研究流水线会在实际应用中产出什么。不能完全停止研究——实际上在今天的世界是不可能的——我们只能意识到科学进步是把双刃剑,并积极地应对每一次出现的新形势。

## 科学之旅

在这本书中,我们追溯了科学的发展史,从它最早在石器时代人类的天文学中出现,直到现代科技社会的当下形式。这是一条漫长的道路,但也有几座意义重大的里程碑。

其中第一项是开始认识到世界是有规律和可预测的——我们可以观

察今天的世界,并且能预料今天所看到的大部分事物明天仍会在那里。我们用谈论像英国的巨石阵和美国怀俄明州医药轮这样的建筑来象征这方面的发展。这是所有后来科学建立的基础。

在古希腊产生了下一个重要的发展,当时的哲学家开始思考世界,在我们称之为"博物学"的术语中,他们通过客观的(和可预见的)规律运作,而不是神的不可预知的奇思怪想,来说明他们所见到的世界。有了这方面的发展,人类开始离开我们上面提到的"魔鬼出没的世界"。这些古代知识大部分被保留下来,在公元第一个千年被伊斯兰学者扩充。

近代科学在欧洲的诞生跨越了几个世纪,17世纪艾萨克·牛顿在英格兰的工作使科学发展达到了高潮。史上第一次,完全成熟的科学方法用于研究自然界,并在物理、化学以及后来的生物学中取得了长足的进展。19世纪末之前,科学世界观的基础确立。我们知道地球不是宇宙的中心,而人类与我们星球上的其他生命有着血统和生物化学的关联。

20世纪以来见证了世界科学的巨大发展。我们已经发现我们住在由数十亿星系组成的宇宙中,而这个宇宙正在膨胀。我们也发现,整个历史上,我们研究的各种材料数量不到宇宙所包含内容的5%——我们的无知是相当惊人的。当我们正在探索宇宙大规模结构的时候,我们是在探索我们可以想象的最小事物,从原子到原子核,到基本粒子,到夸克,再到(也许)弦。同时,我们已经学会了运行生命系统的基本化学过程,现在正要解开DNA的复杂性。

没有人能真正预测这些新的研究主题将把我们引向何方,或者从现在开始,一个世纪后的世界会是怎样。那么,我们一直跟进的科学故事真的应该被当作一个序幕,是难以想象的未来发展的序幕。

# 索 引

（索引后的页码为本书边码）

**Q**

**R**

# 译后记

经过数月奋战，本书的翻译工作总算完成了。通译下来，译者认为本书确实是一本通史好书，其巧妙的结构编排和简洁的行文风格都很值得称道，作者詹姆斯·特赖菲尔在书中对一些东西方科技问题的论述和探讨角度也别出心裁、颇有新意，读起来使人兴趣盎然，也为翻译工作增添了趣味。

科学技术史是关于科学技术的产生、发展及其规律的历史。科学技术史既要研究科学技术内在的逻辑联系和发展规律，又要探讨科学技术与整个社会中各种因素的相互联系和相互制约的辩证关系。所以，科学技术史既不是一般的自然科学，也不同于一般的社会历史学，它是一门横跨于自然科学与社会科学之间的综合性学科。本书综合性的特点相当明显，作者有着历史学家和科学家的双重视角，这也体现在行文中。本书研究了科学技术发展本身的逻辑，揭示了科学技术发展的内在规律，探讨了科学技术发展的社会历史条件，还颇有深意地预示了科学技术在未来的发展。本书虽然是一本科技发展史，但有着广阔的视野，从古代到现代、从西方到东方，考察对象涉及了政治、经济、军事、宗教、艺术、社会生活等各个方面。

译者在翻译过程中尽量体会作者的写作意图，力求尽量准确、清晰地表达原文含义。但译者能力有限，译文难免会有一些疏陋或不当之处，敬请专家学者和广大读者批评指正，不胜感激。

本书最终能够翻译出版，要感谢上海师范大学陈恒教授以及中国社会科学院世界历史研究所任长海副所长和俞金尧研究员的引介。陈恒教授为本书的出版做了大量工作，译者为此感激万分。上海师范大学和商务印书馆也对本书的出版给予了必要的支持，在此一并表示感谢。

**图书在版编目（CIP）数据**

世界历史上的科学／（美）特赖菲尔著；张瑾译.
—北京：商务印书馆，2015
（专题文明史译丛）
ISBN 978-7-100-11040-2

Ⅰ.①世… Ⅱ.①特… ②张… Ⅲ.①科学技术－技术史－
研究－世界 Ⅳ.①N091

中国版本图书馆CIP数据核字（2015）第014079号

（专题文明史译丛）

**世界历史上的科学**

〔美〕詹姆斯·特赖菲尔（James Trefil） 著

张 瑾 译

商 务 印 书 馆 出 版
（北京王府井大街36号 邮政编码100710）
商 务 印 书 馆 发 行
山 东 临 沂 新 华 印 刷 物 流 集 团
有 限 责 任 公 司 印 刷
ISBN 978-7-100-11040-2

2015年7月第1版　　开本640×960　1/16
2015年7月第1次印刷　印张 12.5

定价：30.00 元